"十二五"职业教育国家规划教材
经全国职业教育教材审定委员会审定

职业院校"双证书"课题实验教材
人力资源和社会保障部职业技能鉴定中心指导编写

数控铣床结构与维护

SHUKONG XICHUANG JIEGOU YU WEIHU

主　编◎赵安静

副主编◎何宏伟　　支联峰　　王志广
　　　　李兆祥

参　编◎王继文　　何丽丽　　陈丽丽
　　　　徐　建　　王春红

语文出版社

·北京·

图书在版编目（CIP）数据

数控铣床结构与维护 / 赵安静主编. -- 北京：语
文出版社，2015.3
ISBN 978-7-5187-0085-1

Ⅰ.①数… Ⅱ.①赵… Ⅲ.①数控机床—铣床—结构
②数控机床—铣床—维修 Ⅳ.①TG547
中国版本图书馆CIP数据核字（2015）第035160号

责任编辑	郑　浩	
封面设计	北京宣是国际文化传播有限公司	
出　　版	语文出版社	
地　　址	北京市东城区朝阳门内南小街 51 号 100010	
电子信箱	ywcbsywp@163.com	
排　　版	北京艺和天下文化传播有限公司	
印刷装订	北京艾普海德印刷有限公司	
发　　行	语文出版社　新华书店经销	
规　　格	787mm×1092mm	
开　　本	1 / 16	
印　　张	11.5	
字　　数	232千字	
版　　次	2015年9月第1版	
印　　次	2015年9月第1次印刷	
印　　数	1－5,000册	
定　　价	25.00 元	

📞 010－65253954（咨询）010－65251033（购书）010－65250075（印装质量）

"十二五"职业教育国家规划教材
国家宣传文化发展专项资金项目成果

数控技术应用专业
"十二五"职业教育国家规划教材编写委员会

出版说明

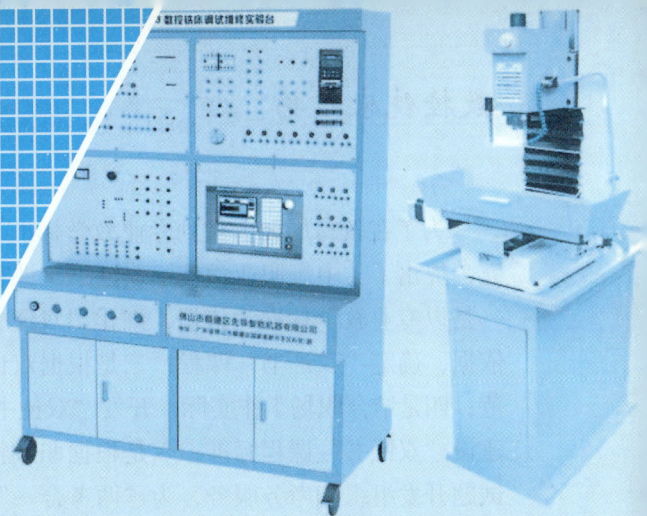

　　实行"双证书"制度,是党中央、国务院适应社会主义市场经济要求,推动职业教育、职业培训改革的重要举措。早在1993年,中共中央《关于建立社会主义市场经济体制若干问题的决定》就提出:"要制定各种职业的资格标准和录用标准,实行学历文凭和职业资格两种证书制度"。从那时起,"双证书"制度历经了制度确立、探索试点、积极推进三个发展阶段。2014年,《国务院关于加快发展现代职业教育的决定》(国发〔2014〕19号)指出:"服务经济社会发展和人的全面发展,推动专业设置与产业需求对接,课程内容与职业标准对接,教学过程与生产过程对接,毕业证书与职业资格证书对接,职业教育与终身学习对接。重点提高青年就业能力"。"推进人才培养模式创新。……积极推进学历证书和职业资格证书'双证书'制度"。

　　近年来国家有关部门为促进就业和提高劳动者素质,对职业院校实施"双证书"制度作出了许多政策安排,"双证书"制度在广大职业学校得到有效推行,学历证书、职业资格证书成为毕业生就业找工作的"敲门砖"和"通行证"。但是,我们也发现,在职业院校学历认证和职业资格认证还没有从根本上实现贯通,存在着各行其道、"两张皮"的普遍现象,缺乏打通两者的桥梁和纽带。其中,融合双证的课程与教材建设滞后是关键原因。

　　为了探索解决这个长期困扰中国职业教育界的难题,人力资源和社会保障部职业技能鉴定中心部级课题《职业技能教学用书开发技术规范和评价体系研究》课题组(项目编号:RS2013-16,以下简称"课题组")在"双证书"课程资源建设开发方面做了积极研究和有益尝试。课题组认为:"双证书"课程是指实现国家职业标准和专业教学标准对接,职业技能鉴定与专业课程学习考核对接的课程,它是使学生在不延长学习时间的情况下,同时获得学历证书和职业资格证书的学校正规课程。加强对"双证书"课程教材开发的研究,对于探索从课程层面做到"双证结合",引导学校用好现有职业技能鉴定政策,推动学生职业技能和就业竞争力提升,具有十分重要的意义。开发职业技能鉴定与学校课程考试两考合一的"双证书"教材,可以形成"双证书"政策落地的基础性教学资源,解决推行"双证书"制度、实施"两考合一"的"最后一公里"问题。

　　为了在教材层面上做到专业教学标准与国家职业标准的内容对接，课题组通过研究，提出了《中等职业学校"双证书"课程教材开发技术规范》，主要技术要点如下：一是以专业教学标准为依据，细化"双证书"培养目标；二是以国家职业技能标准为依据，确定"双证书"课程；三是根据双证结合的理念，编制"双证书"课程实施规范；四是结合职场工作实际，开发"双证书"综合实训课程；五是积极改革教学模式，建设"双证书"课程标准；六是根据职教特色，组织编写"双证书"教材；七是做好试题开发组织和考务服务，为"两考合一"做好技术保障。这一技术规范为实现教学内容与职业标准"双覆盖"、教学过程与岗位要求"双对照"、课程考试与技能鉴定"双结合"的职业院校教材开发目标提供了一个技术指引。

　　2013 年以来，在课题组的统一组织下，外语教学与研究出版社、高等教育出版社、语文出版社、教育科学出版社、中国人民大学出版社等各参研单位共开发了中等职业学校机电技术应用等 20 个专业"双证书"课程实验性教材。

　　"双证书"课题实验教材的开发采取专业负责人制，每个专业由一名资深专家对教材目标、内容选择、内容组织进行总体把关，然后指导各册主编分头编写，最后再由本专业教学专家、职业技能鉴定专家、企业专家、课程开发专家组成的编审委员会共同审定，确保符合课题组提出的职业院校"双证书"教材开发技术规范，同时，努力在教材开发中对接"四新"（新知识、新技能、新产品、新工艺），做到不遗漏知识点、技能点、态度点。

　　"双证书"教材的开发编写遵循了教育部门颁布的《中等职业学校专业教学标准》规定的课程名称和"主要教学内容和要求"，并在教材中融入了相应的五级、四级国家职业技能标准的要求，有助于学生学习掌握职业技能鉴定所要求的相关知识和必备技能，并获取相应等级的职业资格证书，为推动职业院校实施"双证书"制度提供了必要的教学资源支持。

　　"双证书"课题实验教材的开发，是一个新的探索，欢迎广大中等专业学校和职业高中积极试用，并提出宝贵意见，我们将进一步改进和完善。

　　职业教育是使"无业者有业，有业者乐业"的伟大事业。让我们携起手来，为建设现代职业教育体系和构建终身职业培训体系尽自己一份绵薄之力。

人力资源和社会保障部职业技能鉴定中心
《职业技能教学用书开发技术规范和评价体系研究》
课题组
2015 年 6 月 23 日

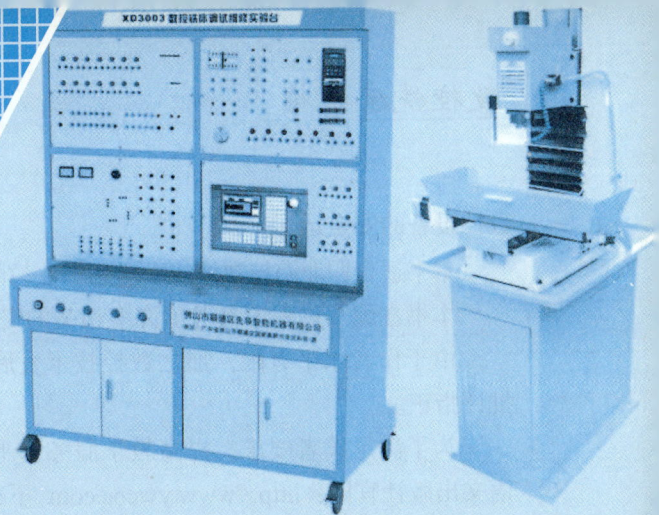

前言

为适应 21 世纪技能人才的培养需求，满足全国职业技术院校数控技术应用专业的教学需要，依据教育部最新颁布的职业院校专业教学标准、国家职业标准和本课程教学大纲，同时结合职业院校的教学实际编写了本书。

数控铣床是信息电子技术与机械制造技术相结合的产物，具有适应性强、精度高、质量稳定、生产率高的特点，对减轻劳动强度、改善劳动条件、提高生产效率等都有重大意义。

近年来，数控铣床设备已被各行业大量引进和应用，由于数控铣床具有先进性、复杂性和智能化高的特点，数控系统更新换代的速度较快以及在维修理论、技术和手段上都发生了巨大的变化，使得机械制造行业对数控机床维修及应用人才的需求越来越大，特别是具备数控机床编程、操作及维修一体化的高技能人才。

本书共分为九个项目，包括数控铣床的组成及结构、数控系统模块、数控主轴驱动系统模块、数控铣床进给传动系统模块、数控铣床进给伺服系统模块、数控铣床输入 / 输出模块、数控铣床辅助装置的结构及维护、数控铣床的安装调试与验收和数控铣床的故障与诊断实例。知识涵盖面广，从设备的认识到安装、调试、验收及故障处理都有所介绍，以满足读者对数控铣床知识的综合需求，每个项目中都设有相应的维护和保养知识的讲解。本书的编写有以下特色：

第一，在专业知识的安排上，理论联系实际，坚持够用、实用的原则，内容贴近生产岗位，注重实用性。

第二，采用"项目化"编写模式，主题鲜明，重点突出。

第三，编写内容以解决实际问题为切入点，以实际生产中遇到的故障为例。

同时，数控设备的正确操作和维护保养是正确使用数控设备的关键性因素之一。正确操作和使用设备能够防止机床非正常磨损，避免突发故障；做好日常维护保养，可使设备保持良好的技术状态，延缓劣化进程，及时发现和消除故障隐患，从而保证数控设备的安全运行。

本书适合职业院校数控技术应用专业教学使用，也可作为数控技术爱好者自学用书。

本书在编写过程中参考了许多相关的资料，在此对原作者表示衷心的感谢。

由于作者水平有限，加之数控技术发展迅速，书中难免存在不足之处，敬请读者批评指正。

为了满足读者要求，提高教学服务水平，本书配套了相关电子教学资源，可登录语文出版社官网：http://www.ywcbs.com/ 下载。

编　者

2015 年 2 月

目录

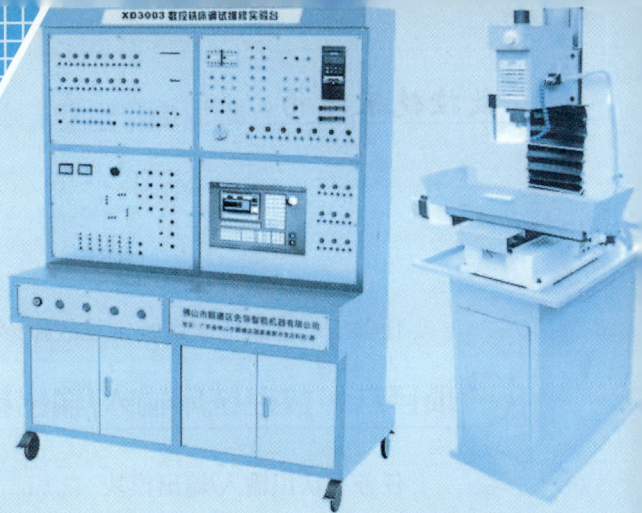

项目一
数控铣床的组成及结构

学习目标

知识目标：

1. 了解车间安全防护规定。

2. 了解数控铣床结构与性能的关系及数控铣床的布局特点。

技能目标：

1. 能按照车间安全防护规定，穿戴劳保用品，执行安全操作规程。

2. 能描述数控铣床的组成、结构、功能，并能按照数控铣床的安全操作规程操作机床。

3. 通过参观工厂培养有效沟通的能力。

4. 能够掌握企业的质量目标及岗位质量要求。

项目分析

数控铣床是机械加工中的一种重要加工手段，由于其加工精度较高，一般用于零件的精加工。如图1-1所示，是卧式数控铣床、立式数控铣床、数控加工中心三种常见的数控铣床，这些机床都是由微机系统、电气部分、机械部分和一些辅助装置组成的。

（a）卧式数控铣床　　　（b）立式数控铣床　　　（c）数控加工中心

图1-1　数控铣床

任务一 参观生产现场

一、参观前准备

为了使现场参观达到最好的效果，参观之前的准备工作是必不可少的。需要做好以下准备工作：

（1）了解这次参观的目的，列出需要解决的问题。

（2）联系参观车间的相关人员。

（3）准备好要去生产现场的概况资料，带上笔记本、笔及其他记录设备。

（4）了解参观车间的管理规定，包括对着装的要求。进入车间后要严格遵守车间的管理规定，沿通道行走，未经允许不得做与参观无关的活动。

1. 着装要求

安全文明生产是企业生产管理的重要内容之一，其影响着企业的产品质量和经济效益，影响着设备的利用率和使用寿命，影响着工人的人身安全。作为新员工，进入企业的初期，就要培养良好的安全生产和文明生产习惯，为将来进一步做好工作打下良好的基础。

在安全文明生产中着装是安全的第一要素，规范的着装，能够将工作人员操作机器时降低因着装而引起的安全事故概率，如图1-2所示为正确的着装。

不同的行业着装要求有一定的区别，但是对于机械加工行业的着装要求有着相同的规定，只是个别细节不同而已。生产现场着装要求：

（1）工作服不应有可能被转动的机器绞住的部分；

（2）工作时必须穿工作服，衣服和袖口必须扣好，禁止戴围巾和穿长衣；

（3）工作服布料禁止使用尼龙、化纤或化纤混纺衣料，以防工作服遇火燃烧时加重烧伤程度；

（4）女员工进入生产现场，禁止穿裙子、拖鞋、凉鞋、高跟鞋，辫子、长发必须盘在帽子内；

（5）接触高温物体时，应戴手套和穿专用的防护工作服。

图1-2　规范着装

图1-3　不规范着装

2. 不规范着装的危害

工作服带有浓厚的职业性，它不仅仅是为了表明工作人员所从事的工作类型，更是为了能在工作过程中为工人提供劳动保护。但有些工作人员在生产现场不按要求着装的现象时有发生。规范着装在一些人看来只是员工个人生活习惯的小事，没有必要太认真。殊不知这样一种根据自己习惯来对待着装规范的态度，最终降低了自己遵章守纪的标准。规范着装对于机加工行业而言，既是一种劳动保护措施，又体现了一个技工人员的精神风貌，体现了一个企业的企业文化。从规范着装入手，遵章守纪，对于安全、质量有益无弊。工作服的穿戴千万不要像普通时装一样随意，不然有可能酿成事故。事故的发生都会对身体造成不同程度的伤害，轻者伤皮肉，重者截肢或者瘫痪都有可能。如图1-3所示，为着装不规范的情况。

例如，某年，奉化市有一起因为工作服穿戴不规范而造成的工伤事故。当时消防大队接到群众报警，称奉化东郊开发区某轴业制造公司的加工车间内有人被五金抛光机器"卷入"，奉化消防队接到报警迅速调派抢险救援人员赶赴事故现场救援。

消防官兵赶到救援现场，进入五金车间后看见一名40岁左右的男子，身体和脸部都被机器"咬住"，整个身体都被这重达200公斤的机器压在下面，周围工友正在用扳手拆卸机器展开自救。但由于角度问题不能准确判断被困者的具体情况，消防官兵经过考虑和对被困者的被困情况进行了仔细的勘察，详细了解了设备构造情况，发现被困者被卷入机器的是身上的工作服，肢体和躯干并没有被机器咬住。掌握情况后，消防官兵利用工具拆卸设备支点，然后找来两根"扁担"固定好绳索，由于被困者生命危急，围观工友纷纷伸出援助之手，帮助消防官兵一同开展救援工作，经过10分钟的联合救援，被困者被成功救出，送往医院救治。

事后，经了解，出事故的杨师傅，在工厂里也有四五年的工作经验，算得上是一名老员工。当时只他一个人在车间进行生产，有工友突然听见惨叫声，跑过来发现杨师傅的工作服被抛光机卷了进去，整个人先被旋转的机器甩到空中转了一圈，接着就是被砸在墙上，最后整个身子都被压在机器下面了！

此类关于着装的事故提醒我们，规范穿着工作服的重要性，特别是老员工在工作岗位上工作多年养成了麻痹心理，匆匆上岗，导致发生一些本可以避免的惨剧。这名工作者的不幸遭遇告诫我们，机械加工的工作人员在工作期间要正确穿戴工作服，一定不要大意，正确穿戴工作服在保护自己的同时，也带给家人一份安心。

二、车间管理规定

车间管理是指对车间所从事的各项生产经营活动进行计划、组织、指挥、协调和控制的一系列管理工作；为了维持良好的生产秩序，提高劳动生产率，保证生产工作的顺利进行所制订的管理制度。

车间管理包括早会制度、请假制度、清洁卫生制度、车间生产现场管理制度等。其中车间生产现场管理规定有4S、5S、6S、7S，甚至还有8S，这里我们主要介绍6S管理。

现场管理的实质是通过细琐单调的动作，潜移默化，改变员工的思想，使其养成良好的习惯；进而能依照规定的事项（厂规、厂纪，各种规章制度，标准化作业规程）来行动，成为一个有职业素养的优秀员工。

6S管理是指在生产现场对人员、设备、物料、方法等生产要素进行有效管理的一种基础活动，它起源于日本，来自日语的"整理、整顿、清扫、清洁、素养、安全"，因其前5项内容的罗马标注发音和最后一项内容的英文单词的第一个字母均为"S"，故统称为"6S"。

1. 整理（SEIRI）

将工作场所的任何物品区分为有必要的和没有必要的，除了有必要的留下来，其他的都消除掉。腾出空间，空间活用，防止误用，塑造清爽的工作场所。

（1）通道畅通、整洁。

（2）工作场所的设备、物料堆放整齐，不放置不必要的东西。

（3）办公桌上、抽屉内办公物品归类放置整齐。

（4）料架的物品摆放整齐。

2. 整顿（SEITON）

把留下来的必要的物品依规定位置摆放，并放置整齐加以标示。工作场所整整齐齐，一目了然，消除寻找物品的时间，消除过多的积压物品。

（1）机器设备定期保养并有设备保养卡，摆放整齐，处于最佳状态。

（2）工具定位放置，定期保养。

（3）零部件定位摆放，有统一标识，一目了然。

（4）工具、模具明确定位，标识明确，取用方便。

（5）车间各区域有6S责任区及责任人。

3. 清扫（SEISO）

将工作场所内看得见与看不见的地方清扫干净，保持工作场所干净、亮丽的环境。稳定品质，减少工业伤害。

（1）保持通道干净、作业场所东西存放整齐，地面无任何杂物。

（2）办公桌、工作台面以及四周环境整洁。

（3）窗、墙壁、天花板干净整洁。

（4）工具、机械、机台随时清理。

4. 清洁（SEIKETSU）

将整理、整顿、清扫进行到底，并且制度化，经常保持环境处在美观的状态。创造明朗现场，维持上面3S成果，具体操作步骤如下：

（1）通道作业台划分清楚，通道顺畅。

（2）每天上、下班前5分钟做"6S"工作。

（3）对不符合的情况及时纠正。

（4）保持整理、整顿、清扫的成果并改进。

5. 素养（SHITSUKE）

每位成员养成良好的习惯，并遵守规则做事，培养积极主动的精神（也称习惯性）。培养好习惯、遵守规则的生产管理员工，营造团队精神。

（1）员工戴厂牌。

（2）穿厂服清洁得体，仪容整齐大方。

（3）员工言谈举止文明有礼，对人热情大方。

（4）员工工作精神饱满。

（5）员工有团队精神，互帮互助，积极参加"6S"活动，时间观念强。

6. 安全（SECURITY）

重视全员安全教育，每时每刻都有安全第一观念，防患于未然。建立起安全生产管理的环境，所有的生产管理工作应建立在安全的前提下。

（1）重点危险区域有安全警示牌。

（2）遵守安全操作规程，保障生产正常进行，不损坏公物。

（3）班前不酗酒，不在禁烟区内吸烟。

7. 6S管理的作用

6S管理对企业的作用是基础性的，也是不可估量的：

（1）降低安全事故发生的概率。企业实施6S管理，可以从消防设施齐全、安全通道无阻塞、遵守设备操作规程、生产设备定期安检等方面将安全生产的各项措施落到实处，比如通道上不允许摆放物料，保证了通道的畅通，从而降低安全事故发生的可能性。

（2）节省寻找物料的时间，提升工作效率。6S管理要求清理与生产无关的不必要物品，并移出现场；要求将使用频率较高的物料存放距离工作较近的位置，从而达到节省寻找物料的时间、提高生产效率的目的。在6S管理的整顿环节，其金牌标准是30秒内就能找到所需的物品。

（3）降低在制品的库存。6S管理要求将与生产现场有关的物料都进行定置定位，并且标识企业内唯一的名称、图号、现存数量、最高与最低限量等，这就使得在制品的库存量始终处于受控状态，并且能够满足生产的需要，从而杜绝了盲目生产在制品的可能性。

（4）保证环境整洁，现场宽敞明亮。6S管理要求将与生产有关的物料定置定位管理，并限制在制品的库存，其结果使得生产现场利用空间增大，环境整洁明亮。

（5）提升员工归属感。6S管理的实施可以为员工提供一个心情舒畅的工作环境，在这样一个干净、整洁的环境中，工作人员的尊严和成就感可以得到一定程度的满足，从而提升员工的归属感，使员工更加爱岗敬业。

三、参观生产现场

参观时视现场场地情况进行分组，以小组为单位，每组选出一个负责人，按照指定路线参观。在参观时，做好记录。

常见的数控机床有数控车床、数控铣床、数控线切割、数控钻床，如图1-4所示。机床上都贴有铭牌，铭牌上记录了该机床的类型、型号、生产厂家等信息。

（a）数控车床　　　　　　　　　　　（b）数控铣床

（c）数控线切割　　　　　　　　　　（d）数控钻床

图1-4　数控机床类型

参观结束后，要总结参观内容，对需要解决的问题做出解决方案，以达到参观的目的。参观车间生产现场后需要做以下两点工作。

1.总结参观内容

（1）了解机床铭牌所示的内容。在参观过程中看到的机床铭牌，需要了解这些铭牌上的内容包括机床名称、型号、性能、规格及出厂日期等信息，例如，表1-1所示为机床型号的含义。

表1-1 机床型号含义

机床型号	含 义
CK6132	卧式数控车床最大回转直径320mm
XK5032	立式数控铣床工作台面宽度320mm
MGB1432	高精度半自动万能外圆磨床最大磨削外径320mm

（2）数控铣床加工内容。数控铣床可用来加工零件的平面、内外轮廓、孔、螺纹等。通过两轴联动加工零件的平面轮廓，通过二轴半、三轴或多轴联动来加工零件的空间曲面。

从机床运动的分布特点来看，数控铣床也可以进行铣削或镗削加工，完成铣、镗、钻、扩、铰、攻螺纹等工艺内容。

2. 解决问题

针对参观前所列的问题，进行整理，如有需要解决的问题要写出解决方案。如参观前对数控铣床工作环境不了解，需要了解数控铣床工作环境与普通铣床工作环境的不同。通过观察，可以发现数控铣床所在的车间是一个干净、整洁的车间，数控铣床的工作环境比较干燥，没有粉尘，温度变化不大。

任务二
认识数控铣床的组成

一、机床的发展史

金属切削机床是用切削的方法将金属毛坯加工成机械零件的机器，它是制造机器的机器，又称为"工作母机"或"工具机"，习惯上简称机床。普通机床包括车床、镗床、铣床、刨床、磨床、钻床。现代机械制造中加工机械零件的方法很多，除切削加工外，还有铸造、锻造、焊接、冲压、挤压等，但凡属精度要求较高和表面粗糙度要求较小的零件，一般都需在机床上用切削的方法进行最终的加工。在一般的机器制造中，机床所担负的加工工作量占机器总制造工作量的40%~60%，机床在国民经济现代化的建设中起着重大作用。机床的发展有非常悠久的历史，在古代就有了机床的应用，经过两千年的发展，机床已经成为了一种不可缺少的工业生产工具，特别是随着数控机床的发展，人类的发展又前进了一大步。

公元前2000多年出现的树木车床是机床最早的雏形。工作时，脚踏绳索下端的套圈，利用树枝的弹性使工件由绳索带动旋转，手拿贝壳或石片等作为刀具，沿板条移动工具切削工件，中世纪的弹性杆棒车床运用的就是这一原理。

15世纪，由于制造钟表和武器的需要，出现了钟表匠用的螺纹车床和齿轮加工机床，以及水力驱动的炮筒镗床。1501年左右，意大利人列奥纳多·达·芬奇曾绘制过车床、镗床、螺纹加工机床和内圆磨床的构想草图，其中已有曲柄、飞轮、顶尖和轴承等新机构。中国明代出版的《天工开物》中也载有磨床的结构，用脚踏的方法使铁盘旋转，加上沙子和水来剖切玉石。

工业革命导致了各种机床的产生和改进，18世纪的工业革命推动了机床的发展。1774年，英国人约翰·威尔金森发明了较精密的炮筒镗床。次年，他用这台炮筒镗床镗出的汽缸，满足了瓦特蒸汽机的要求。为了镗制更大的汽缸，他又于1775年制造了一台水轮驱动的汽缸镗床，促进了蒸汽机的发展。从此，机床开始采用蒸汽机通过曲轴来驱动。

19世纪，由于纺织、动力、交通运输机械和军火生产的推动，各种类型的传统机床相继出现。1817年，英国人罗伯茨研制出龙门刨床；1818年美国人惠特尼研制出卧式铣床；1835年惠特沃斯研制出滚齿机。

随着电动机的发明，机床开始采用电动机集中驱动，后又广泛使用单独电动机驱动。

20世纪初，为了加工精度更高的工件、夹具和螺纹加工工具，相继研制出坐标镗床和螺纹磨床。同时为了适应汽车和轴承等工业大量生产的需要，又研制出各种自动机床、仿形机床、组合机床和自动生产线。

19世纪末到20世纪初，进入精密化时期单一的车床逐渐演化出铣床、刨床、磨床、钻床等，这些主要机床已经基本定型，为20世纪前期的精密机床和生产机械化和半自动化创造了条件。

在20世纪的前20年内，由于汽车、飞机及其发动机生产的需要，在大批量加工形状复杂、精度高及表面粗糙度低的零件时，迫切需要精密的、自动化的铣床和磨床。由于多螺旋线刀刃铣刀的问世，基本上解决了单刃铣刀所产生的振动和粗糙度不高而使铣床得不到发展的困难，使铣床成为加工复杂零件的重要设备。

在1920年以后的30年中，机械制造技术进入了半自动化时期，液压和电气元件在机床和其他机械上逐渐得到了应用。1938年，液压系统和电磁控制不但促进了新型铣床的发明，而且在龙门刨床等机床上也推广使用。20世纪30年代以后，电磁阀系统几乎用到各种机床的自动控制上。

第二次世界大战以后，由于数控和群控机床以及自动生产线的出现，机床的发展进入了自动化时期。数控铣床是在电子计算机发明之后，运用数字控制原理，将加工的全部信息进行存储，并按其发出的指令控制机床，按既定的要求进行加工的新式机床。

世界上第一台数控机床（铣床）是由美国的帕森斯公司在研制飞机螺旋桨的板

叶时向美国空军提出的，在麻省理工学院的参加和协助下，终于在1949年取得了成功。1951年，他们正式制成了第一台电子管数控铣床样机，成功地解决了多品种小批量的复杂零件加工的自动化问题。以后，一方面数控原理从铣床扩展到镗铣床、钻床和车床，另一方面，则从电子管向晶体管、集成电路方向过渡。1958年，美国成功研制了能自动更换刀具、可以进行多工序加工的加工中心。

1968年诞生了世界第一条数控生产线，该生产线是英国的毛林斯机械公司研制成功的，不久，美国通用电气公司提出了"工厂自动化的先决条件是零件加工过程的数控和生产过程的程控"，于是，到20世纪70年代中期，出现了自动化车间，自动化工厂也已开始建造。1970年至1974年，由于小型计算机广泛应用于机床控制，出现了三次技术突破。第一次是直接数字控制器，采用一台小型电子计算机同时控制多台机床，实现了"群控"；第二次是计算机辅助设计，用一支光笔进行设计修改及程序计算；第三次是按加工的实际情况及意外变化反馈自动改变切削参数，出现了自动控制系统的机床。

经过多年的发展，"机床家族"已日渐成熟，真正成为了机械领域的"工作母机"。

想一想

为什么要有数控机床呢？它能解决什么问题呢？它能给经济带来什么影响呢？

二、数控机床的概念

数控即数字控制（Numerical Control），是用数字化的信号对机床运动及其加工过程进行控制的一种方法，简称NC。

数控机床是数字控制机床（Computer Numerical Control Machine Tools）的简称，是一种装有程序控制系统的自动化机床。该控制系统能够逻辑地处理具有控制编码或其他符号指令规定的程序，并将其译码，用代码化的数字表示，通过信息载体输入数控装置。经运算处理由数控装置发出各种控制信号，控制机床的动作，按图纸要求的形状和尺寸，自动地将零件加工出来。数控机床较好地解决了复杂、精密、小批量、多品种的零件加工问题，是一种柔性的、高效能的自动化机床，代表了现代机床控制技术的发展方向，是一种典型的机电一体化产品。数控铣床是最为常见的数控机床之一。

三、数控铣床的特点

数控铣床越来越多地被应用于现代制造业，提高了生产率，降低了生产成本，并发挥出普通机床所无法比拟的优势。与普通机床相比，数控铣床具有如下特点：

1. 高度柔性

数控铣床的最大特点是高柔性，即可变性。所谓"柔性"即是灵活、通用、万能，可以适应不同形状工件的加工。数控铣床一般都能完成钻孔、镗孔、铰孔、铣平面、铣斜面、铣槽、铣曲面（凸轮）和攻螺纹等加工，而且一般情况下，可以在一次装夹中完成所需的加工工序。

2. 加工精度高

数控铣床采用了提高加工精度和保证质量稳定性的多种技术措施：第一，数控铣床由数控程序自动控制进行加工，在工作过程中，一般不需要人工干预，这就消除了操作者人为产生的失误或误差；第二，数控铣床本身的刚度高、精度好，并且精度保持性较好，这更有利于零件加工质量的稳定，还可以利用软件进行误差补偿和校正，也使数控加工具有较高的精度；第三，数控铣床的机械结构是按照精密机床的要求进行设计和制造的，采用了滚珠丝杠、滚动导轨等高精度传动部件，而且刚度高、热稳定性和抗振性能好；第四，伺服传动系统的脉冲当量或最小设定单位可以达到 $1\sim0.5\mu m$，数控铣床是按数字信号形式控制的，数控装置每输出一个脉冲信号，则机床移动部件移动一个脉冲当量（一般为0.001mm），工作中大多采用具有检测反馈的闭环或半闭环控制，具有误差修正或补偿功能，可以进一步提高精度和稳定性；第五，数控铣床手动换刀，可以在一次装夹后，完成工件的多工序加工，最大限度地减少了装夹误差的影响，提高了数控铣床的定位精度。

3. 加工质量稳定

在同一数控铣床上，加工同一批零件，在相同的加工条件下，使用相同的刀具和加工程序，刀具的走刀轨迹完全相同，零件的一致性好，质量稳定。

4. 生产效率高

数控铣床能最大限度地减少零件加工所需的机动时间与辅助时间，显著提高生产效率。第一，数控铣床的进给运动和多数主运动都采用无级调速，且调速范围大，每一道工序都能选择最佳的切削速度和进给速度；第二，良好的结构刚度和抗震性允许机床采用大切削用量和进行强力切削；第三，一般不需要停机对工件进行检测，从而有效地减少了机床加工中的停机时间；第四，机床移动部件在定位中都采用自动加减速措施，因此可以选用很高的空行程运动速度，大大节约了辅助运动时间；第五，加工工序集中，可以减少零件的周转，减少了设备台数及厂房面积，给生产调度管理带来极大方便。因此，数控加工生产率较高，比一般零件可以高出3~4倍，复杂零件可提高十几倍甚至几十倍。

5. 利于生产管理现代化

采用数控铣床加工能方便、精确计算零件的加工时间，能精确计算生产和加工费用，所使用的刀具、夹具可进行规范化、现代化管理。数控铣床使用数字信号与标准代码为控制信息，易于实现加工信息的标准化，目前已与计算机辅助设计与制造（CAD/CAM）有机地结合起来，是现代集成制造技术的基础。一机多工序加工，简化生产过程的管理，减少管理人员，并且可实现无人化生产。

6. 劳动条件好

数控铣床的操作者一般只需装卸零件、更换刀具、利用操作面板控制机床的自动加工。不需要进行繁杂的重复性手工操作，因此劳动强度可大为减轻。此外，数控铣床一般都具有较好的安全防护、自动排屑、自动冷却和自动润滑装置，操作者的劳动条件可得到很大改善，可以一个人轻松地管理多台机床，数控铣床的操作由体力型转为智力型。

7. 适应性强灵活性好

数控铣床由于采用数控加工程序控制，当加工零件改变时，只要改变数控加工程序，便可实现对新零件的自动化加工。它能适应当前市场竞争中对产品不断更新换代的要求，解决了多品种、单件小批量生产的自动化问题，也能满足飞机、汽车、造船、动力设备、国防军工等制造部门形状复杂零件和型面零件的加工需要。

8. 使用维护技术要求高

数控铣床是综合多学科、新技术的产物，铣床价格高，设备一次性投资大，而铣床的操作和维护要求较高。为保证数控加工的综合经济效益，要求铣床的使用者和维修人员应具有较高的专业技能和职业素质。作为操作技术人员，应对数控铣床的结构和维护有一定的了解，对简单故障会进行及时处理，这不仅有助于正确使用数控铣床，发挥机床的最大性能，而且能提高数控铣床的使用效率，并防止故障的进一步扩大。

9. 自动化程度高

数控铣床自动化程度高，可以减轻操作者的体力劳动强度。数控加工过程是按输入的程序自动完成的，操作者只需起始对刀、装卸工件、更换刀具，在加工过程中，主要是观察和监督机床运行。但是，由于数控铣床的技术含量高，操作者的脑力劳动也相应提高。

10. 传动链短

与普通机床相比主轴驱动不再是电动机—皮带—齿轮副机构变速，不再使用挂轮、离合器等传统部件，而是采用横向和纵向进给，分别由两台伺服电动机驱动完成，传动链大大缩短。

11. 刚性高

为了与数控系统的高精度相匹配，数控铣床的刚性高，以适应高精度的加工要求。

12. 轻拖动

工作台移动采用滚珠丝杠副，摩擦小、移动轻便。丝杠两端的支承是专用轴承，其压力角比普通轴承大，在出厂时便选配好；数控铣床的润滑部分采用油或雾自动润滑，这些措施都使得数控铣床移动轻便。

四、数控铣床的组成

数控铣床的基本组成包括加工程序载体、数控装置、伺服驱动装置、机床主体和其他辅助装置，如图1-5所示。

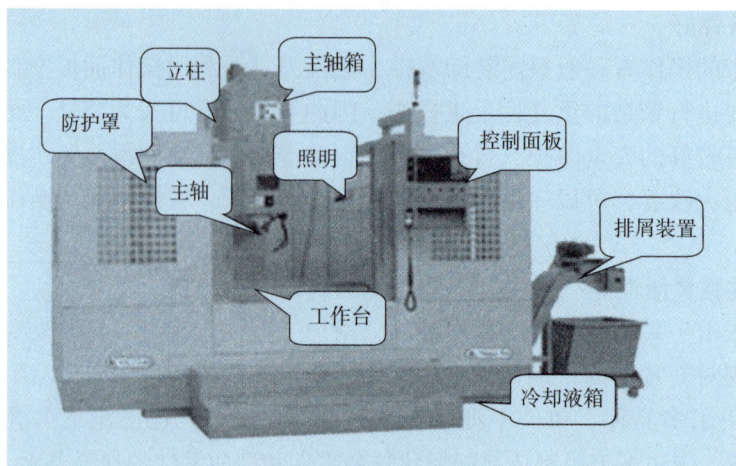

图1-5　数控铣床的组成

1. 加工程序载体

要对数控铣床进行控制，必须编制加工程序通过操作面板控制铣床。零件加工程序中，包括铣床上刀具和工件的相对运动轨迹、工艺参数（进给量、主轴转速等）和辅助运动等信息。将零件加工程序用一定的格式和代码，存储在某种程序载体上，如穿孔纸带、盒式磁带、软磁盘等，通过数控铣床的输入装置，将程序信息输入到CNC（Computer Numerical Control）单元。

2. 数控装置

数控装置是数控铣床的核心。现代数控装置均采用CNC形式，这种CNC装置一般使用多个微处理器，以程序化的软件形式实现数控功能，因此又称软件数控（Software NC）。CNC系统是一种位置控制系统，它是根据输入数据插补出理想的运动轨迹，然后输出到执行部件加工出所需要的零件。因此，数控装置主要由输入、处理和输出三个基本部分构成。而所有这些工作都由计算机的系统程序进行合理地组织，使整个系统协调地进行工作。

（1）输入装置：将数控指令输入给数控装置，根据程序载体的不同，相应有不同的输入装置。主要有键盘输入、磁盘输入、CAD/CAM系统直接通信方式输入和连接上级计算机的DNC（直接数控）输入，现仍有不少系统还保留有光电阅读机的纸带输入形式。

（2）信息处理：输入装置将加工信息传给CNC单元，编译成计算机能识别的信息，由信息处理部分按照控制程序的规定，逐步存储并进行处理后，通过输出单元发出位置和速度指令给伺服系统和主运动控制系统。CNC系统的输入数据包括：零件的轮廓信息（起点、终点、直线、圆弧等）、加工速度及其他辅助加工信息（如换刀、变速、冷却液开关等），数据处理的目的是完成插补运算前的准备工作。数据处理程序还包括刀具半径补偿、速度计算及辅助功能的处理等。

（3）输出装置：输出装置与伺服机构相连。输出装置根据控制器的命令接受运算器的输出脉冲，并把它送到各坐标的伺服控制系统，经过功率放大，驱动伺服系统，从而控制机床按规定要求运动。

3. 伺服与测量反馈系统

伺服系统是数控铣床的执行部件，用于实现数控铣床的进给伺服控制和主轴伺服控制。伺服系统的作用是把接受来自数控装置的指令信息，经功率放大、整形处理后，转换成机床执行部件的直线位移或角位移运动。由于伺服系统是数控铣床的最后环节，其性能将直接影响数控铣床的精度和速度等技术指标，因此，对数控铣床的伺服驱动装置，要求具有良好的快速反应性能，准确而灵敏地跟踪数控装置发出的数字指令信号，并能忠实地执行来自数控装置的指令，提高系统的动态跟随特性和静态跟踪精度。

4. 机床主体

机床主机是数控铣床的主体。它包括床身、底座、立柱、横梁、滑座、工作台、主轴箱、进给机构、刀架及自动换刀装置等机械部件。它是在数控铣床上自动地完成各种切削加工的机械部分。与传统的机床相比，数控铣床主体具有如下结构特点：

（1）采用具有高刚度、高抗震性及较小热变形的机床新结构。通常用提高结构系统的静刚度、增加阻尼、调整结构件质量和固有频率等方法来提高机床主机的刚度和抗震性，使机床主体能适应数控铣床连续自动地进行切削加工的需要。采取改善机床结构布局、减少发热、控制温升及采用热位移补偿等措施，以减少热变形对机床主机的影响。

（2）广泛采用高性能的主轴伺服驱动和进给伺服驱动装置，使数控铣床的传动链缩短，简化了机床机械传动系统的结构。

（3）采用高传动效率、高精度、无间隙的传动装置和运动部件，如滚珠丝杠螺母副、塑料滑动导轨、直线滚动导轨和静压导轨等。

5. 数控铣床辅助装置

辅助装置是保证充分发挥数控铣床功能所必需的配套装置，常用的辅助装置包括气动、液压装置，排屑装置，冷却、润滑装置，回转工作台和数控分度头，防护、照明装置等。

五、工作原理

用数控铣床加工零件时，首先按照零件加工的技术要求和工艺要求编制成加工程序，然后将加工程序输入到数控装置，经过数控装置控制机床主轴运动、进给运动、更换刀具，以及工件的夹紧与松开，使刀具与工件及其他辅助装置严格地按照加工程序规定的顺序、轨迹和参数有条不紊地工作，从而加工出符合图纸要求的零件，如图1-6所示。

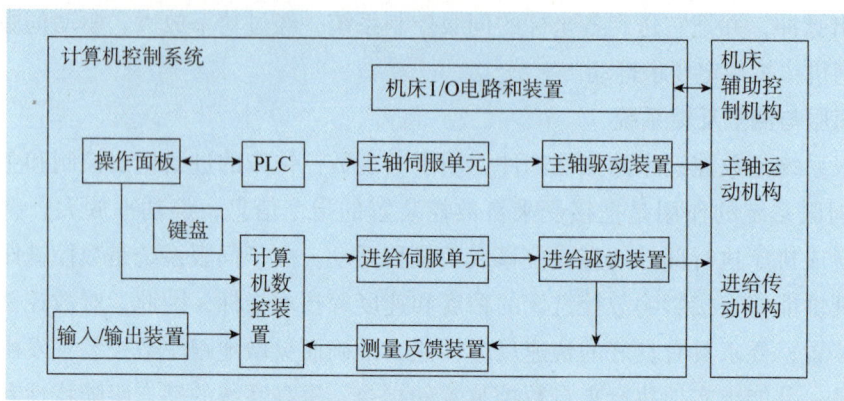

图1-6　数控铣床工作原理

六、数控铣床的分类

数控铣床的种类很多，从不同角度对其进行考查，就有不同的分类方法，通常有按主轴轴线位置方向分类、按加工功能分类、按运动方式分类、按伺服系统分类、按控制坐标轴数分类等。

1. 按主轴轴线位置方向分类

（1）立式数控铣床：在数量上一直占据数控铣床的大多数，应用范围也最广。

（2）卧式数控铣床：与通用卧式铣床相同，其主轴轴线平行于水平面。为了扩大加工范围和扩充功能，卧式数控铣床通常采用增加数控转盘或万能数控转盘来实现4、5坐标加工。这样，不但工件侧面上的连续回转轮廓可以加工出来，而且可以实现在一次安装中，通过转盘改变工位，进行"四面加工"。

（3）立卧两用数控铣床：由于这类铣床的主轴方向可以更换，在一台机床上既可以进行立式加工，又可以进行卧式加工，同时具备了上述两类机床的功能，故其使用范围更广，功能更全，选择加工对象的余地更大，且给用户带来不少方便。特别是生产批量小，品种较多，又需要立、卧两种方式加工时，用户只需买一台这样的机床就行了。

2. 按加工功能分类

（1）数控铣床：在普通铣床上集成了数字控制系统，可以在程序代码的控制下较精确地进行铣削加工的机床。

（2）数控仿形铣床：有数控、仿形、数字化、测量四大功能；并有高刚度、高精度、高抗震性和良好的动态特性等特点。

3. 按运动方式分类

（1）点位控制：数控系统只控制刀具从一点到另一点的准确位置，而不控制运动轨迹，各坐标轴之间的运动是不相关的，在移动过程中不对工件进行加工。

（2）直线控制：数控系统除了控制点与点之间的准确位置外，还要保证两点间的移动轨迹为一直线，并且对移动速度也要进行控制，也称点位直线控制。

（3）轮廓控制：轮廓控制的特点是能够对两个或两个以上的运动坐标的位移和速度同时进行连续相关的控制，它不仅要控制机床移动部件的起点与终点坐标，而且要控制整个加工过程的每一点的速度、方向和位移量，也称为连续控制数控铣床。

4. 按伺服系统分类

（1）开环控制：这类机床不带位置检测反馈装置，通常用步进电动机作为执行机构。输入数据经过数控系统的运算，发出脉冲指令，使步进电动机转过一个步距角，再通过机械传动机构转换为工作台的直线移动，移动部件的移动速度和位移量由输入脉冲的频率和脉冲个数所决定。

（2）半闭环控制：在电动机的端头或丝杠的端头安装检测元件（如感应同步器或光电编码器等），通过检测其转角来间接检测移动部件的位移，然后反馈到数控系统中。由于大部分机械传动环节未包括在系统闭环环路内，因此可获得较稳定的控制特性。其控制精度虽不如闭环控制数控铣床，但调试比较方便，因而被广泛采用。

（3）闭环控制：这类数控铣床带有位置检测反馈装置，其位置检测反馈装置采用直线位移检测元件，直接安装在机床的移动部件上，将测量结果直接反馈到数控装置中，通过反馈可消除从电动机到机床移动部件整个机械传动链中的传动误差，最终实现精确定位。

5. 按控制坐标轴数分类

数控系统控制几个坐标轴按需要的函数关系同时协调运动，称为坐标联动。按照联动轴数可以分为：

（1）两轴联动：数控铣床能同时控制两个坐标轴联动，适于数控车床加工旋转曲面或数控铣床铣削平面轮廓。

（2）两轴半联动：在两轴的基础上增加了Z轴的移动，当机床坐标系的X、Y轴固定时，Z轴可以作周期性进给。两轴半联动加工可以实现分层加工。

（3）三轴联动：数控铣床能同时控制三个坐标轴的联动，用于一般曲面的加工，如一般的型腔模具均可以用三轴加工完成。

（4）多坐标联动：数控铣床能同时控制四个以上坐标轴的联动。多坐标数控铣床的结构复杂，精度要求高、程序编制复杂，适于加工形状复杂的零件，如叶轮叶片类零件。

通常三轴机床可以实现二轴、二轴半、三轴加工；五轴机床也可以只用到三轴联动加工，而其他两轴不联动。

想一想

数控机床还有哪些分类呢？哪种数控机床应用最为广泛？为什么？

七、数控铣床的结构性能

数控铣床是在一般铣床的基础上发展起来的，两者的加工工艺基本相同，结构也有些相似，不同的是数控铣床是依靠程序控制的自动加工机床，因此，在部件构成上具有很大的区别。随着工业现代化程度的不断提高，高效率、高精度的自动化机械加工设备在现代制造业中占据的地位越来越重要，对机床的要求也越来越高。

1. 数控铣床对机械结构的要求

在数控铣床发展的最初阶段，其机械结构与通用机床相比没有多大的变化，只是在自动变速、刀架和工作台自动转位和手柄操作等方面作些改变。随着数控技术的发展，考虑到它的控制方式和使用特点，才对机床的生产率、加工精度和寿命提出了更高的要求。根据数控铣床的适用场合和机构特点，对数控铣床机械结构提出以下要求：

（1）具有较高的静、动刚度和良好的抗震性。机床的刚度反映了机床机构抵抗变形的能力，机床变形产生的误差，通常很难通过调整和补偿的方法予以彻底地解决。为满足数控铣床高效率、高精度的自动化要求，与普通铣床相比数控铣床应更具有更高的静、动刚度。为了充分发挥机床的使用效率，加大切削用量，还必须具有良好地机床抗振性，避免切削时产生的共振和颤振。

（2）具有良好的热稳定性。机床的热变形是影响机床加工精度的主要因素之一。影响机床热变形的热源有内部热源和外部热源，内部热源主要是电动机、丝杠、轴承、导轨的发热，外部热源是高速切削产生的，在内外热源的影响下，再加上数控铣床又长时间处于连续工作状态，使得数控铣床的热变形影响比普通铣床要严重得多。虽然先进的数控系统具有热变形补偿功能，但是它并不能完全消除热变形对于加工精度的影响，使工件与刀具之间的相对运动关系遭到破坏，导致机床精度下降。为保证刀具与工件的正确相对位置，就要求机床必须具有良好的热稳定性，以尽可能地减小机床热变形对加工的影响。

（3）具有较高的运动精度与良好的低速稳定性。利用伺服系统代替普通铣床的进给系统是数控铣床的主要特点。伺服系统最小的移动量，一般只有0.001mm，甚至更小；最低进给速度，一般只有1mm/min，甚至更低。这就要求进给系统具有较高的运动精度，良好的跟踪性能和低速稳定性，才能对数控系统的位置指令做出准确的响应，从而得到要求的定位精度。

（4）具有良好的操作、安全防护性能。数控铣床是人机对话，方便、舒适的操作性能，是操作者普遍关心的问题。在数控铣床上，刀具和工件的装卸、刀具和夹具的调整，还需要操作者完成，机床的维修和保养更离不开人，由于加工效率的提高，数控铣床的工件装卸比普通铣床更加频繁，因此良好的操作性能是数控铣床设计时必须考虑的问题。数控铣床是一种高度自动化的加工设备，动作复杂，高速运动部件较多，对机床动作互锁、安全防护性能的要求也比普通铣床高很多。同时，数控铣床有高压、大流量的冷却系统，为了防止切屑、冷却液的飞溅，数控铣床采用封闭和半封闭的防护形式，增加防护性能。

2. 数控铣床布局特点

数控铣床的总体结构布局，既要从铣床性能、加工适应范围等内部因素考虑确定各构件间位置，同时亦要从外观、操作、管理到人机关系等外部因素考虑安排铣床总布局。

数控铣床不同的布局形式给铣床工作带来了不同的影响，从而形成不同的特点，其影响主要表现在如下几个方面：

（1）不同布局适应不同的工件形状、尺寸及重量。

如图1-7所示均为数控铣床，但四种布局方案适应的工件重量、尺寸却不同。

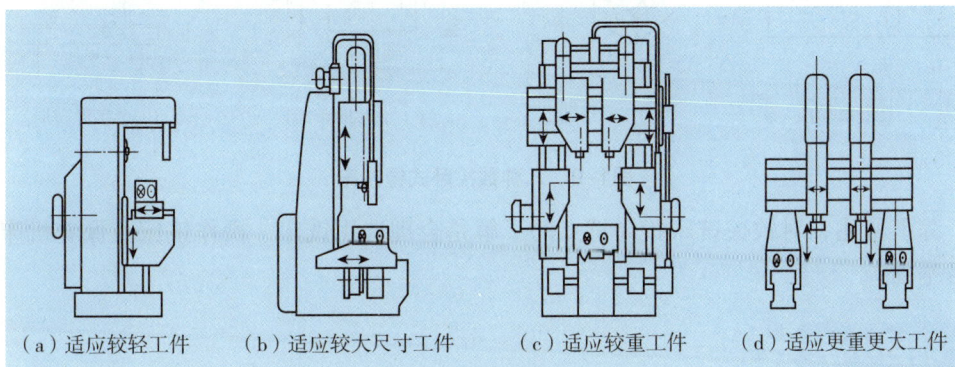

（a）适应较轻工件　　（b）适应较大尺寸工件　　（c）适应较重工件　　（d）适应更重更大工件

图1-7　不同布局的数控铣床

（2）不同布局有不同的运动分配及工艺范围。

图1-8所示为数控镗铣床的三种布局方案。图1-8（a）为主轴立式布置，上下运动，对工件顶面进行加工；图1-8（b）为主轴卧式布置，加工工作台上分度工作台的配合，可加工工件多个侧面；图1-8（c）在图1-8（b）基础上再增加一个数控转台，可完成工件上更多项目的加工。

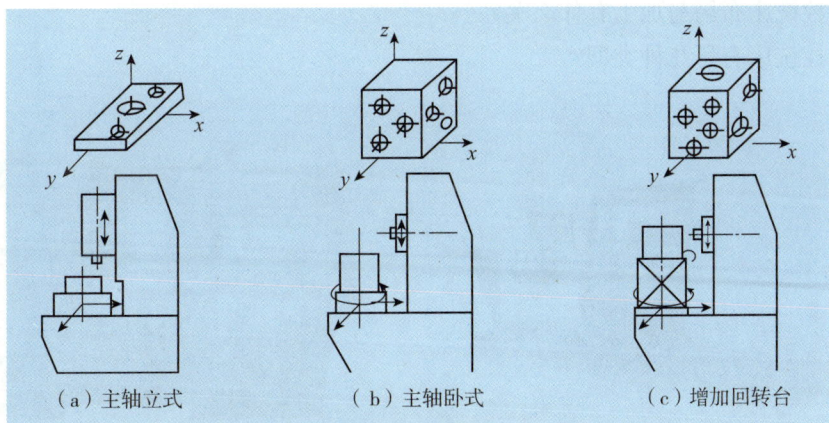

（a）主轴立式　　　　　（b）主轴卧式　　　　　（c）增加回转台

图1-8　数控镗铣床的不同布局

（3）不同布局有不同的铣床结构性能。

如图1-9所示为几种数控卧式镗铣床。图1-9（a）、（b）为T形床身布局，工作台支承于床身，刚度好，工作台承载能力强；图1-9（c）、（d）工作台为十字形布局，其中图1-9（a）主轴箱悬挂于单立柱一侧，使立柱受偏载，图1-9（d）主轴箱装在框式立柱中间，对称布局，受力后变形小，有利于提高加工精度。

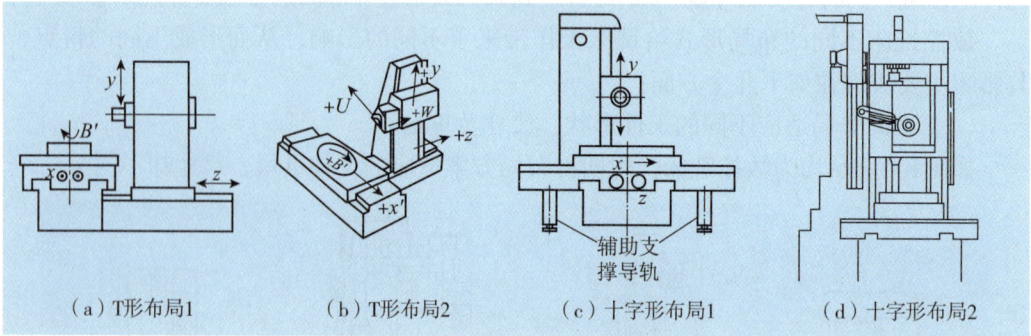

（a）T形布局1　　（b）T形布局2　　（c）十字形布局1　　（d）十字形布局2

图1-9　几种数控卧式镗铣床

综上所述，对数控铣床布局特点的了解是合理选用铣床、操作铣床及保养机床的必备基础。

◉ 项目小结

本项目通过对实习现场的参观，使同学们了解了车间的安全防护规定，认识了数控铣床的结构、特点以及工作原理，为数控铣床的维护打下了良好的基础。

◉ 思考训练

1. 指出图1-10、图1-11所示的数控铣床的组成部分及各部分作用。
2. 数控铣床布局与加工有什么关系？
3. 数控铣床有哪几种类型？

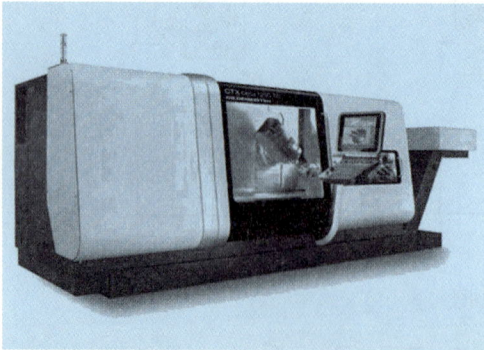

图1-10　数控铣床1

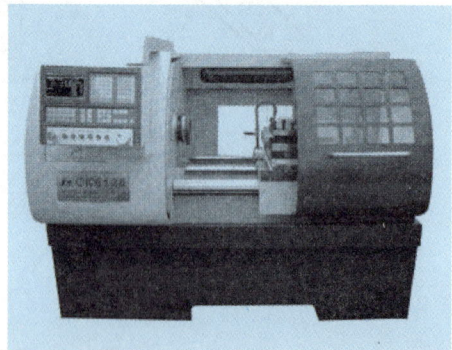

图1-11　数控铣床2

项目二

数控系统模块

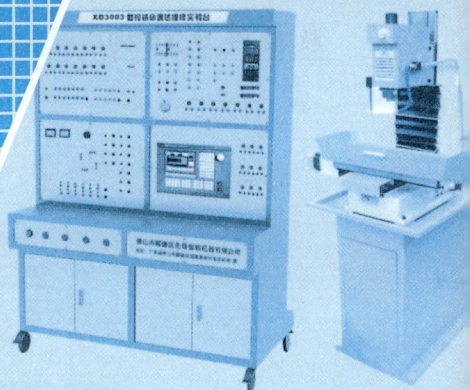

学习目标

知识目标：

1. 掌握数控系统的组成、结构、功能，了解数控铣床的安全操作规程。

2. 掌握FANUC 0i数控装置的组成及接口定义。

技能目标：

1. 会对数控系统的各类故障进行分析诊断。

2. 在故障诊断、检测及更换中能严格执行相关技术标准规范和安全操作规程，有纪律观念和团队意识，并具备环境保护和文明生产的基本素质。

3. 能够进行一种型号数控系统的操作（如启动、关机、JOG方式、MDI方式、手轮方式等）。

4. 能够使用数控机床的诊断功能分析故障。

项目分析

常见的数控系统有日本的FANUC系统、德国的SIEMENS系统、三菱系统、广州数控系统和华中系统等。数控系统由硬件和软件两大部分组成，不同的数控系统具有各自的优缺点，它们的基本结构和原理都相似。数控系统出现了问题可以用备件置换、同类对调、初始化复位法等方法解决。

任务一 数控系统的组成

一、数控系统简介

数控系统是铣床实现自动加工的核心，是整个数控铣床的灵魂所在。数控铣床根据功能和性能要求的不同配置不同的数控系统。世界上的数控系统种类繁多，形式各异，组成结构上都有各自的特点。这些结构特点来源于系统初始设计的基本要求和软、硬件的工程设计思路。对于不同的生产厂家来说，基于历史发展因素以及各自因地而异的复杂因素的影响，在设计思想上也可能各有千秋。例如，在20世纪90年代，美国Dynapath系统采用小板结构，热变形小，便于板子更换和灵活结合；而日本FANUC系统则趋向大板结构，减少板间插接件，使之有利于系统工作的可靠性。然而无论哪种系统，它们的基本原理和构成都是十分相似的。

一般整个数控系统由三大系统组成，即控制系统、伺服驱动系统和位置测量系统。控制系统是一个具有输入输出功能的专用计算机系统，按加工程序进行插补运算，发出控制指令到伺服驱动系统；位置测量系统检测机械的直线和回转运动位置、速度，并反馈到控制系统和伺服驱动系统，来修正控制指令；伺服驱动系统将来自控制系统的控制指令和测量系统的反馈信息进行比较和控制调节，控制PWM（脉中宽度调制）电流驱动伺服电动机，由伺服电动机驱动移动部件按要求运动。这三部分有机结合，组成完整的闭环控制的数控系统。

控制系统是具有人际交互功能，具有包括现场总线接口输入输出能力的专用计算机。主要由输入装置、监视器、主控制系统、可编程控制器、各类输入／输出接口等组成，如图2-1所示为控制系统硬件。伺服驱动系统主要包括伺服驱动装置和电动机，位置测量系统主要采用长光栅或圆光栅的增量式位移编码器。

图2-1 控制系统硬件

二、硬件结构

从硬件结构的角度来看，数控系统到目前为止可分为两个阶段共六代。第一阶段为数值逻辑控制阶段，其特征是不具有CPU，依靠数值逻辑实现数控所需的数值计算和逻辑控制，包括第一代的电子管数控系统，第二代的晶体管数控系统，第三代的集成电路数控系统；第二个阶段为计算机控制阶段，其特征是直接引入计算机控制，依靠软件计算完成数控的主要功能，包括第四代的小型计算机数控系统，第五代的微型计算机数控系统，第六代的PC数控系统。

由于从20世纪90年代开始，PC计算机应用逐渐普及，PC构架下计算机CPU及外围存储、显示、通讯技术的高速进步，制造成本大幅降低，导致PC数控系统日趋成为主流的数控系统结构体系。PC数控系统的发展，形成了"NC+PC"过渡型结构，既保留传统NC硬件结构，仅将PC作为HMI。代表性的产品包括FANUC的160i、180i、310i，西门子的840D等。还有一类即将数控功能集中以运动控制板卡的形式实现，通过增扩NC控制板卡（如基于DSP的运动控制卡等）来发展PC数控系统。另一种更加革命性的结构是全部采用PC平台的软硬件资源，仅增加与伺服驱动及I/O设备通信所必需的现场总线接口，从而实现非常简洁的硬件体系结构。典型的产品包括西门子840DSL，海德汉的TNC620，POWER AUTOMATION公司的PA8000NT，国内的大连光洋的GDS07、GDS09、GNC60、GNC61，华中数控的华中8型等产品。

三、软件结构

1. CNC软件结构组成

CNC软件分为应用软件和系统软件。CNC系统软件是为实现CNC系统各项功能所编制的专用软件，也叫控制软件，存放在计算机的EPROM内存中。各种CNC系统的功能设置和控制方案各不相同，它们的系统软件在结构上和规模上差别很大，但是一般都包括输入数据处理程序、插补运算程序、速度控制程序、管理程序和诊断程序四个部分。

（1）输入数据处理程序。它接收输入的零件加工程序，将标准代码表示的加工指令和数据进行译码、数据处理，并按规定的格式存放。有的系统还要进行补偿计算，或为插补运算和速度控制等进行预计算。通常，输入数据处理程序包括输入、译码和数据处理三项内容。

（2）插补计算程序。CNC系统根据工件加工程序中提供的数据，如曲线的种类、起点、终点、既定速度等进行中间输出点的插值密化运算。上述密化计算不仅要严格遵循给定轨迹要求，还要符合机械系统平稳运动加减速的要求。根据运算结果，分别向各坐标轴发出形成进给运动的位置指令，这个过程称为插补运算。计算得到进给运动的位置指令通过CNC内或伺服系统内的位置环、速度环、电流环控制调节，输出电流驱动电动机带动工作台或刀具作相应的运动，完成程序规定的加工任务。

CNC系统是一边进行插补运算，一边进行加工，是一种典型的实时控制方式。

（3）管理程序。管理程序负责对数据输入、数据处理、插补运算等为加工过程服务的各种程序进行调度管理。管理程序还要对面板命令、时钟信号、故障信号等引起的中断进行处理。在PC化的硬件结构下，管理程序通常在实时操作系统的支持下实现。

（4）诊断程序。诊断程序的功能是在程序运行中及时发现系统的故障，并指出故障的类型。也可以在运行前或故障发生后，检查系统各主要部件（CPU、存储器、接口、开关、伺服系统等）的功能是否正常，并指出发生故障的部位。

目前，在我国数控铣床行业占据主导地位的数控系统有日本的FANUC、德国的SIEMENS等公司的数控系统及相关产品。

2. CNC软件结构特点

CNC装置是典型的实时多任务控制系统，CNC装置的系统软件则可看成是一个专用实时多任务操作系统。CNC系统软件的主要特点为：

（1）多任务性。数控加工时，数控装置要完成许多任务，图2-2反映了它的多任务性。在多数情况下，管理和控制的某些工作必须同时进行。为使操作人员能及时了解数控装置的工作状态，显示模块必须与控制软件同时运行；当在插补加工运行时，管理软件中的零件程序输入模块必须与控制软件同时运行。而当控制软件运行时，其本身的一些处理模块也必须同时运行。为了保证加工过程的连续性，即刀具在各程序之间不停刀，译码、刀具补偿和速度处理模块必须与插补模块同时运行，而插补程序又必须与位置控制程序同时进行。

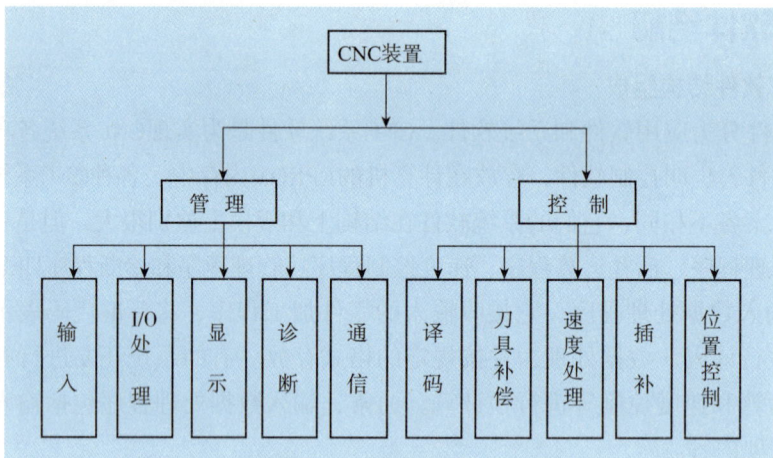

图2-2　数控装置软件任务分解

（2）多任务的并行处理。并行处理是指计算机在同一时刻或同一时间间隔内完成两种或两种以上性质相同或不同的工作。并行处理的优点是能提高运行速度。在CPU单元的数控装置中，主要采用CPU分时共享的原则来解决多任务的同时运行。

（3）实时中断处理。数控系统软件结构的另一个特点是实时中断处理。数控系统程序以零件加工为对象，每个程序有许多子程序，它们按预定的顺序反复执行，各步骤间关系十分密切，有许多子程序实时性很强，这就决定了中断成为整个系统必不可少的重要组成部分。

（4）优先抢占调度机制。为了满足数控系统实时中断处理的任务要求，系统的调度机制必须具有能根据外界的实时信息以足够快的速度（在系统规定的时间内）进行任务调度的能力。优先抢占就是一种能满足要求的调度机制。众所周知，中断技术使得计算机系统能够对外部事件按任务的重要程度、轻重缓急作出及时响应，并且CPU也不必为其占用过多的时间。

四、FANUC 0i数控装置的主要功能和特点

数控装置（习惯称为数控系统）是数控铣床的中枢单元，是对机床进行控制，并完成零件自动加工的专用电子计算机。它接收数字化了的零件图样和工艺要求等信息，按照一定的数学模型进行插补运算，用运算结果实时地对机床的各运动坐标进行速度和位置控制，完成零件的加工。

日本FANUC公司的数控系统具有高质量、高性能、全功能，适用于各种铣床和生产的特点，在市场的占有率远远超过其他的数控系统，主要体现在以下几个方面：

（1）FANUC 0i数控装置在设计中大量采用模块化结构。这种结构易于拆装，各个控制板高度集成，使可靠性有很大提高，而且便于维修、更换。除主CPU及外围电路之外，还集成了FROM&SRAM模块、PMC控制模块、存储器和主轴模块、伺服模块等。其体积更小，更便于安装排布。

（2）具有很强的抵抗恶劣环境影响的能力。其工作环境温度为0～45℃，相对湿度为75%。

（3）有较完善的保护措施。FANUC对自身的系统采用比较好的保护电路。

（4）FANUC系统所配置的系统软件具有比较齐全的基本功能和选项功能。对于一般的机床来说，基本功能完全能满足使用要求。

（5）提供大量丰富的PMC信号和PMC功能指令。这些丰富的信号和编程指令便于用户编制机床侧PMC控制程序，而且增加了编程的灵活性。

（6）具有很强的DNC功能。系统提供串行RS232C传输接口，使通用计算机PC和机床之间的数据传输能方便、可靠地进行，从而实现高速的DNC操作。

（7）提供丰富的维修报警和诊断功能。FANUC维修手册为用户提供了大量的报警信息，并且以不同的类别进行分类。

五、FANUC 0i数控装置组成

FANUC 0i数控装置由基本单元（主板）模块和I/O模块组成，如图2-3所示。

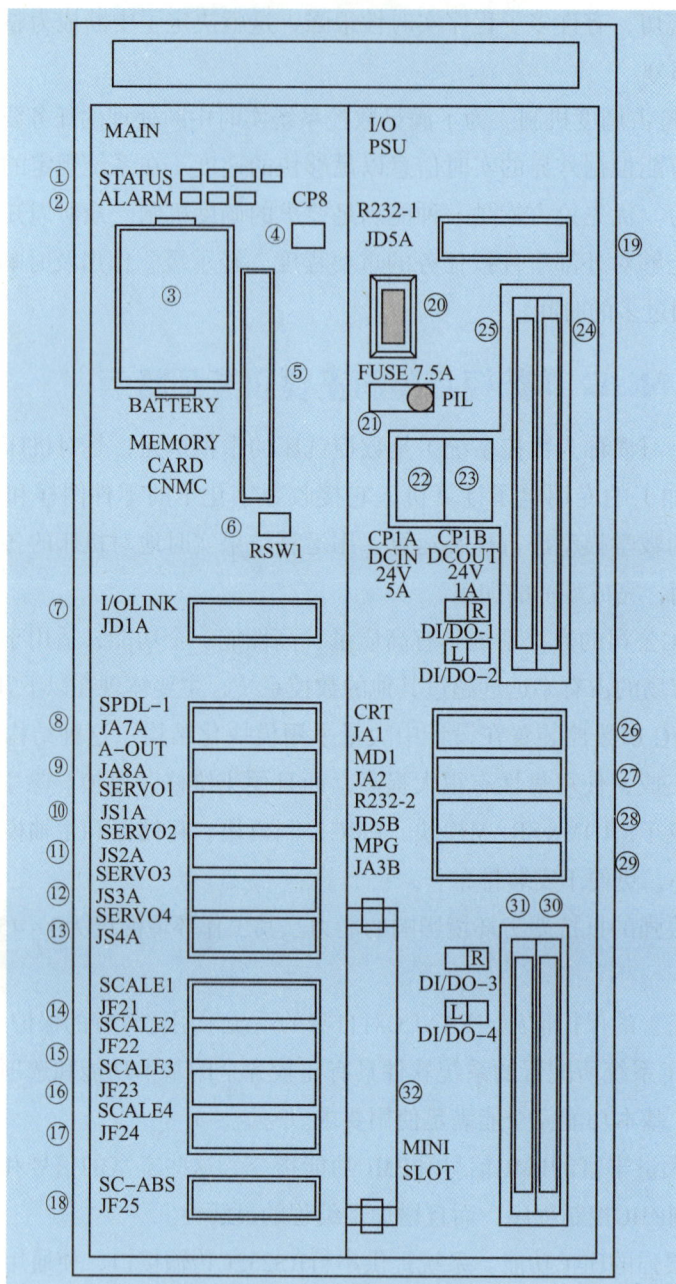

图2-3　FANUC 0i数控装置结构图

　　主板模块主要包括CPU、内存（系列软件、宏程序、梯形图、参数等）、PMC控制、I/O LINK控制、伺服控制、主轴控制、内存卡I/F、LED显示。主板模块的功能是用于主轴控制（模拟量和数字串行主轴）的信号接口、各个伺服进给控制信号接口、伺服进给轴的位置反馈信号接口（光栅尺或分离型编码器）、存储卡和编辑卡接口等。

　　I/O模块主要包括电源、I/O接口、通信接口、MDI控制、显示控制、手摇脉冲发生器控制和高速串行总线。I/O模块的功能是为机床提供输入／输出信号接口、LCD（或CRT）视频信号接口、系统MDI键盘信号接口、机床手摇脉冲发生器的信号接口及RS232-C系统通信信号接口等。

FANUC 0i数控装置各指示灯和接口信号的定义：

（1）"STATUS"（状态）LED灯。从电源接通时开始，"STATUS" LED灯通过组成不同的亮、灭状态，来表示数控装置从电源接通到进入正常运行状态的过程中所需进行的工作流程。当主板部分发生故障时，便能通过"STATUS" LED灯所表示的状态，进行故障的判定和排除。

（2）"ALARM"（报警）LED灯。当出现错误时，"ALARM"（报警）LED灯会与"STATUS" LED灯组成不同的亮、灭状态来表示不同的异常情况。

（3）"BATTERY"。数控装置断电后进行数据保存的电池。

（4）"CP8"接口。数控保存用电池接口。

（5）"MEMORY CARD CNMC"插口。PMC编辑卡与数据备份存储卡的接口。

（6）"RSWI"旋转开关。维修用的旋转开关，一般无需作任何调整。

（7）"JD1A"—I/O LINK接口。它是一个串行接口，用于NC与各种I/O单元进行连接，如机床操作面板、I/O扩展单元或Power Mate连接起来，并且在所连接的各设备间高速传送I/O信号（bit位数据）。

（8）"JA7A"—SPDL-1（串行主轴或位置编码器接口）。该接口是通过电缆与串行伺服模块连接（JA7B接口）。当数控装置连接模拟主轴时，位置编码器的主轴反馈信号与此接口（JA7B）相连。

（9）"JA8A"—A-OUT（模拟主轴接口）。此接口与模拟主轴放大器连接，控制模拟主轴电动机运转。

（10）"JS1A"—SERVO1（伺服模块接口）。此接口与伺服模块的系统定义的第1轴接口进行连接。

（11）"JS2A"—SERVO2（伺服模块接口）。此接口与伺服模块的系统定义的第2轴接口进行连接。

（12）"JS3A"—SERVO3（伺服模块接口）。此接口与伺服模块的系统定义的第3轴接口进行连接。

（13）"JS4A"—SERVO4（伺服模块接口）。此接口与伺服模块的系统定义的第4轴接口进行连接。

（14）"JF21"—SCALE1（光栅尺1接口）。该接口用于连接系统定义的第1轴的光栅尺。

（15）"JF22"—SCALE2(光栅尺2接口)。该接口用于连接系统定义的第1轴的光栅尺。

（16）"JF23"—SCALE3（光栅尺3接口），该接口用于连接系统定义的第1轴的光栅尺。

（17）"JF24"—SCALE4（光栅尺4接口）。该接口用于连接系统定义的第1轴的光栅尺。

（18）"JF25"—SC-ABS（分离式ABS脉冲编码器电池接口）。该接口所连接的电池用于绝对型光栅尺数据的保存。

（19）"JD5A"—R232-1（RC-232串口接口）。该接口主要用于与外部设备相连，将加工程序，参数等数据通过外部设备输入到系统中或从系统中输出给外部设备。PC就可通过此接口与数控装置相连接，进行数据的传送操作。

（20）"FUSE"—熔丝。

（21）"PIL"—电源指示灯。当控制单元接通+24V电源后，该LED灯亮。

（22）"CPIA"—DC IN（电源输入接口）。该接口是与外部直流+24V电源连接，为控制单元提供电源。

（23）"CPIB"—DC OUT（电源输出接口）。该接口与显示单元相连，为显示单元提供电源，在显示单元侧的接口是"CP5"（LCD时），"CN2"（CRT时）。

（24）"DI/DO-1"—内装I/O卡接口1。该接口为机床提供I/O信号接收器（X）和驱动器（Y）。

（25）"DI/DO-2"—内装I/O卡接口2。该接口为机床提供I/O信号接收器（X）和驱动器（Y）。

（26）"JA1"—CRT（显示器接口）。该接口用于连接显示器，显示器端口的接口为"JA1"（LCD时），"CN1"（CRT时）。

（27）"JA2"—MD1（手动数据输入装置接口）。该接口用于连接MDI单元。在这里，把手动数据输入装置MDI。MDI单元是一个键盘，用来输入数据，如NC加工程序，设置参数等。

（28）"JS5B"—R232-2（RS-232C串行接口）。该接口主要用于与外部设备相连，将加工程序，参数等通过外部设备输入到系统中或从系统中输出给外部设备。PC就可通过此接口与数控装置相连接，进行数据的传送操作。

（29）"JA3B"—MPG（手摇脉冲发生器接口）。该接口所连接的手摇脉冲发生器用于在手轮进给方式下用手轮移动坐标轴。0i-TA装置最多可安装两个手摇脉冲发生器，而0i-MA装置最多可安装三个手摇脉冲发生器。

（30）"DI/DO-3"—I/O卡接口3。该接口为机床提供I/O信号接收器（X）和驱动器（Y）。

（31）"DI/DO-4"—I/O卡接口4。该接口为机床提供I/O信号接收器（X）和驱动器（Y）。

（32）"MINI SLOT"—FSSB(高速串行总线接口)。此接口用于与个人计算机相连，进行数据通信。

想一想

数控装置除了软件结构，还由什么组成？这些接口中，哪些是主板模块上的，哪些是I/O模块上的？

任务二
数控系统报警故障原因

一、数控铣床诊断原则和方法

数控系统是高技术密集型产品，要想迅速而正确的查明原因并确定其故障的部位，除了传统的故障诊断方法外，还要借助于系统诊断技术。随着微处理器的不断发展，系统诊断技术也由简单的诊断朝着多功能的高级诊断和智能化方向发展。诊断能力的强弱也是评价CNC数控性能的一项重要指标。作为一个好的数控设备维修人员，就必须具备电子线路、元器件、计算机软硬件、接口技术、测量技术等方面的知识。

1. 数控铣床故障诊断原则

（1）先外部后内部。数控铣床是集机械、液压、电气为一体的机床，故其故障的发生也由这三者综合反映出来。维修人员应采用望、听、嗅、问、摸等方法由外向内逐一进行排查。尽量避免随意地启封、拆卸，否则会扩大故障，使机床丧失精度，降低性能。

（2）先机械后电气。一般来说，机械故障较易发觉，而数控系统故障的诊断难度较大，有些电气故障也是由机械运作失灵而引起。在故障检修之前，首先排除机械性的故障，往往可达到事半功倍的效果。

（3）先静后动。先在机床断电的静止状态下，通过了解、观察测试、分析确认为非破坏性故障后，方可给机床通电。在运行状态下，进行动态的观察、检验和测试，查找故障。而对破坏性故障，必须先排除危险后，方可通电。

（4）先公用后专用。公用性的问题往往影响全局，若几个进给轴都不动，先检查电源、CNC、PLC及液压等公用部位。

（5）先简单后复杂。当出现多种故障互相交织掩盖，一时无从下手时，应先解决容易的问题，后解决难度较大的问题。往往简单问题解决后，难度大的问题也可能变得容易了。

（6）先一般后特殊。在排除某一故障时，先要考虑最常见的可能原因，然后再分析很少发生的特殊原因。

2. 数控铣床的故障诊断方法

由于数控铣床的故障比较复杂，同时，数控系统自诊断能力还不能对系统的所有部件进行测试，往往是一个报警号指示出众多的故障原因，使人难以下手。下面介绍维修人员在生产实践中常用的故障诊断方法。

（1）系统报警号及系统诊断号故障诊断方法。指通过CNC系统的内装程序，在系统处于正常运行状态时对CNC系统本身及与CNC装置相连的各个伺服装置、伺服电动机、主轴伺服装置和主轴电动机以及外部设备等进行自动诊断、检查。只要系统本身及伺服系统出现故障，系统显示装置就会显示系统报警代码及报警信息。当数控铣床出现故障时，首先，利用系统报警号及信息提示判定故障产生的原因，然后通过系统诊断号判定产生故障的具体部位。

如FANUC系统出现伺服部位过热故障时，显示装置出现400号伺服报警（SERVOAI ARM：n AXIS OVERLOAD），故障产生的原因可能是伺服电动机过热或伺服装置过热或是系统检测电路及伺服软件不良。利用系统伺服故障诊断号ALM2#7（FS-OC/OD系统的诊断号为730，FS-0i系统的诊断号为201）进行判断，当系统出现400号伺服报警时，该诊断位为"1"说明是伺服电动机过热故障，若该位为"0"则判定伺服放大器过热故障。

（2）动态梯形图诊断法。目前FANUC系统都有动态梯形图显示画面，通过梯形图信号的明暗或颜色的变化来判定数控铣床故障的具体部位，取代了用万用表进行测量的传统方法，是目前普遍采用的有效诊断故障的方法之一。这种方法对数控铣床厂家编制的报警号的故障诊断特别有效，但要求维修者必须理解并掌握数控铣床PMC具体控制原理。新型数控系统的PMC还具有PMC信号追踪功能、分析功能以及信号的强制功能，根据此功能可以诊断故障出现的前后系统、输入/输出信号状态的变化情况以及信号无效等情况的发生是由系统内部还是由系统外部信号导致的，从而更加完善了诊断方法。

（3）初始化复位法。一般情况下，由于瞬时故障引起的系统报警，可用硬件复位或用开关系统电源的方法来清除。若系统工作存储区由于掉电、系统软件不良或电池欠压造成混乱，则必须对系统进行初始化清除，清除前应注意作好数据复制记录，若初始化后故障仍无法排除，则需进行硬件诊断。初始化处理方法有系统初始化（系统管理软件、系统参数、加工程序、PMC参数及顺序程序等）、主轴伺服参数初始化和进给伺服参数初始化。比如，FANUC 0i系统主轴出现错误信息报警，故障原因可能是系统主轴伺服软件故障或系统硬件故障，通过系统主轴伺服参数初始化（恢复系统出厂的标准设定值），根据机床厂家提供的主轴参数进行手动输入，局部修调后，机床正常运行，则故障确定为系统主轴参数不良，否则为系统主轴控制模块或主轴放大器故障。

（4）备件置换法。当故障分析结果集中于某一印制电路板上时，由于电路集成度的不断扩大，要把故障落实于某一区域乃至某一元件是十分困难的，为了缩短停机时间，在有相同备件的条件下可以先将备件换上，然后再去检查、修复故障板。备件板的更换要注意以下问题：

①更换任何备件都必须在断电的情况下进行，而且不能使事故扩大（如短路故障又烧坏备件板），否则不能采用此方法。

②许多印制电路板上都有一些开关或短路棒的设定以匹配实际需要，因此在更换备件板上一定要记录下原来的开关位置和设定状态，并将备件板作好同样的设定，否则会产生报警而不能工作。

③某些印制电路板还需在更换后进行某些特定操作以完成其中软件与参数的建

立，这一点需要仔细阅读相应电路板的使用说明。

④有些印制电路板是不能轻易拔出的，如系统存储器电路板，它会丢失有用的参数或者程序，更换时必须先进行系统参数备份。

（5）同类对调法。当发现故障板或者不能确定是否是故障板而又没有备件的情况下，可以将系统中相同的两个板或电缆对调检查，通过观察故障是否发生转移来判定故障的具体部位。采用这种对调法应特别注意，不仅硬件接线要正确交换，还要将一系列相应的参数交换，否则不仅达不到目的，反而会产生新的故障，一定要事先考虑周全，设计好软、硬件交换方案，确认准确无误后再进行交换检查。例如，某一数控车床（采用FANUC OTD系统）X轴返回参考点时出现超程报警（返回参考点动作正常），而Z轴能正确返回参考点，根据故障现象推断产生故障原因可能是X轴电动机的内装编码器一转信号故障或系统轴板故障。通过把X轴和Z轴电缆对调并修改相关伺服参数，通电试车，若发现X轴能正确返回参考点而Z轴返回参考点异常，则故障一定在电动机内装编码器上，最后仔细检查编码器内部，清洗编码器。

（6）功能参数封锁法。随着数字伺服控制的普及应用，数控铣床某些控制功能由系统参数设定，通过参数维修数控铣床是一种高效快捷的方法。所谓参数封锁法就是通过修改系统参数来判定故障是系统内部故障还是外部故障。如某一数控铣床进给采用全闭环（位置检测采用光栅尺）控制，加工中出现了位置反馈信号断线报警，故障原因可能是光栅尺本身断线或系统内部检测电路故障。通过重新设定系统控制功能参数（FANUC 0i系统为1815＃1设为"0"）及伺服设定参数，使系统由原来的全闭环控制改为半闭环控制（通过参数封锁了光栅尺），数控铣床可以正常运行，则故障为光栅尺本身故障。最后仔细检测发现光栅尺内部有油污导致反馈信号不良。

（7）使能信号的短接法。数控系统的某种就绪状态都与系统信号（硬件信号或状态参数）一一对应，通过硬件使能信号的短接或系统状态使能参数的确定，就可以快速判定故障的具体部位。如FANUC OC/OD系统就绪时，系统向伺服放大器发出PRADY信号，伺服放大器就绪后要向系统发出DRADY信号，系统得到来自伺服放大器的DRADY信号后，才能进入正常状态，否则系统出现401号报警。产生401号（伺服未就绪）报警的故障原因可能是系统轴板故障或伺服放大器本身故障，通过短接系统轴板的DRADY使能信号后，若系统报警号解除，则故障为伺服放大器有问题，否则故障在系统轴板。

（8）系统故障诊断引导法。在CNC存储器中，存储着查明系统故障原因及处理方法的技术资料。利用这些资料很容易找到故障原因及故障部位，并进行处理。操作者通过CNC的CRT (LCD) /MDI单元提供的故障原因信息，找到问题的答案，不用维修专家也可以诊断数控铣床的故障，所以这种方法又称为专家自诊断方法。

（9）远程诊断法。也称通信诊断方法。CNC上装有调制解调器，通过电话线可以给维修中心发送维修信息，即利用电话通信线可以读写CNC系统的硬件构成及系统软件的配置、CNC系统的内部状态、加工程序、报警信息等数据，然后由计算机向CNC系统发送诊断程序，并将测试数据输回到计算机进行分析并得出结论，随后将诊断结论和处理办法通知用户，并可以通过网线恢复系统解决由于软件不良导致的故障。

通信诊断系统还可为用户作定期的预防性诊断，维修人员不必亲临现场，只需按预定的时间对机床作一系列运行检查，在维修中心分析诊断数据，可发现存在的故障隐患，以便及早采取措施。当然，这类CNC系统必须具备远程诊断接口及联网功能。

二、数控系统报警故障原因及处理方法

数控系统出现故障的原因有多种，根据不同的故障查看方法和处理方法也有多种，本任务中只介绍其中一部分。

1. 报警信息的查看方法

数控系统可对其本身以及其相连的各种设备进行实时的自诊断。当数控铣床出现不能满足保证正常运行的状态或异常时，数控系统就会报警。根据不同系统，机床有不同的反应，有的是在屏幕中显示相关的报警信息及处理方法，操作人员可以根据屏幕上显示的内容采取相应的措施；有的是显示出错，机床停止运行，操作人员可以通过故障信息查找故障原因。

2. 数控系统报警故障的分类

数控系统由软件和硬件组成，报警也分成这两大类。硬件故障是指电子、电器件、印制电路板、电线电缆、接插件等处于不正常状态甚至损坏，需要修理甚至更换才能排除的故障。而软件故障一般是指PLC逻辑控制程序中产生的故障，需要输入或修改某些数据甚至修改PLC程序方可排除的故障。零件加工程序故障也属于软件故障。最严重的软件故障则是数控系统软件的缺损甚至丢失，此时，只有与生产厂商或其服务机构联系解决。以FANUC 0i数控系统为例，其报警信息很多，可以归纳为以下几类，如表2-1所示。

表2-1　FANUC 0i数控系统报警分类

错误代码	报警分类
000～255	P/S报警（参数错误）
300～349	绝对脉冲编码器（APC）报警
350～399	串行脉冲编码器（SPC）报警
400～499	伺服报警
500～599	超程报警
700～749	过热报警
750～799	主轴报警
900～999	系统报警
1000～1999	机床厂家根据实际情况在PM(L)C中编制的报警
2000～2999	机床厂家根据实际情况在PM(L)C中编制的报警信息
5000以上	P/S报警（编程错误）

（1）P/S程序报警。在程序的编辑、输入、存储、执行过程中出现的报警，这些报警大多数是因为输入错误的地址、数据格式或不正确的操作方法等造成的，根据具体报警代码，纠正操作方法或修改加工程序就可恢复。

（2）绝对脉冲编码器（APC）报警。检测绝对脉冲编码器的通讯、参数保存的故障。由于采用电池保存编码器的数据，不正确的电池更换步骤或其他原因造成数据丢失，都会造成报警。

（3）串行脉冲编码器（SPC）报警。也叫增量脉冲编码器，可能引起的原因有：用于保持绝对位置坐标电池的电压过低、反馈电缆出现异常、A/D转换时数字伺服电流异常、伺服放大器的电磁接触器的触点溶化黏连、串行编码器LED异常、因反馈电缆异常引起反馈错误、串行脉冲编码器的通信异常、通信没有应答、传送数据有误、数字伺服侧参数设定不正确。

（4）伺服报警（SV）。在项目五中，将会详细介绍与伺服报警的相关信息。

（5）超程报警。通过一定的方法将机床的运动轴移动出超程区域。这个超程区一般是软限位，指机床内设置的移动范围超程。由于输入坐标数值错误，程序在运行时没有找到原点会引起报警。

（6）过热报警。系统主板的热敏电阻检测到系统温升异常，发出此类报警。

（7）主轴报警。接通电源后，在系统启动中或在运行过程中，主轴发生了通信错误时的报警。有以下原因可引起此报警：光缆接触不良、脱落或断线，主CPU板不良，主轴放大器印制电路板不良。

（8）系统报警。系统自检到CPU、RAM、ROM等硬件出现故障发出此类故障报警。

（9）PMC报警。PMC在编辑、调试过程中出现的报警信息，机床使用过程中，一般用户是不会遇到此类故障。机床厂家在编制机床的顺序程序时，对机床外部动作可能处于的不正确的工作状态进行检测，编制报警表。维修这类故障时要参考机床厂家的说明书和梯形图。

（10）P/S报警（编程错误）。数控系统自动执行零件程序的同时，进行零件程序的编辑时出现错误报警；在使用、编辑宏程序过程中出现的报警。

3.数控系统报警处理方法

由于数控系统繁多，出现故障的现象有相同的，也有不同的，但是故障的解决思路是相通的。不同的报警原因有不同的解决方法，具体要配合机床说明书，这里就不一一介绍。下面以最常见的FANUC 0i系统为例说明处理报警的方法。

【例1】P/S00#报警

故障原因：设定了重要参数，如伺服参数，系统进入保护状态，需要系统重新启动，装载新参数。

恢复办法：在确认修改内容后，切断电源，再重新启动即可。

【例2】P/S100#报警

故障原因：修改系统参数时，将写保护设置PWE=1后，系统发出该报警。

恢复方法：

（1）发出该报警后，可照常调用参数页面修改参数。

（2）修改参数进行确认后，将写保护设置PWE=0。

（3）按RESET键将报警复位，如果修改了重要的参数，需重新启动系统。

【例3】P/S101#报警

故障原因： 存储器内程序存储错误，在程序编辑过程中，对存储器进行存储操作时电源断开，系统无法调用存储内容。

恢复方法：

（1）在MDI方式下，将写保护设置为PWE=1。

（2）系统断电，按着DELETE键，给系统通电。

（3）将写保护设置为PWE=0，按RESET键将101#报警消除。

【例4】P/S85～87串行接口故障

故障原因： 对机床进行参数、程序的输入时，往往用到串行通信，利用RS232接口将计算机或其他存储设备与机床连接起来。当参数设定不正确，电缆或硬件故障时会出现报警。

恢复方法： 85#报警指的是，在从外部设备读入数据时，串行通信数出现了溢出错误，被输入的数据不符或传送速度不匹配，检查与串行通信相关的参数，如果检查参数没错误仍出现该报警时，检查I/O设备是否损坏。

86#报警指的是，进行数据输入时I/O设备的动作准备信号（DR）关断。需要检查：

（1）串行通信电缆两端的接口（包括系统接口）。

（2）检查系统和外部设备串行通信参数。

（3）检查外部设备。

（4）检查I/O接口模块（可进行更换模块进行检查或去专业公司检查）。

87#报警说明有通信动作，但通信时数控系统与外部设备的数据流控制信号不正确，需要检查：

（1）系统的程序保护开关的状态，在进行通信时将开关处于打开状态。

（2）I/O设备和外部通信设备。

【例5】90#报警（回零动作异常）

故障原因： 返回参考点中，开始点距参考点过近，或是速度过慢。

恢复方法：

（1）正确执行回零动作，手动将机床向回零的反方向移动一定距离，这个位置要求在减速区以外，再执行回零动作。

（2）如果以上操作后仍有报警，检查回零减速信号，检查回零挡块，回零开关及相关联的信号电路是否正常。

（3）机床的回零参数在机床厂已经设置完成，可检查回零时位置偏差（DOG800～803）是否大于128，如果低于128，可根据参数清单检查PRM518～521（快移速度）、

PRM#559～562（手动快移速度）参数是否有变化，作适当调整使回零时的位置偏差大于或等于128；如果位置偏差大于128，检查脉冲编码器的电压是否大于4.75V，如果电压过低，更换电源，电压正常时仍有报警则需检查脉冲编码器和轴卡。

【例6】3n0（n轴需要执行回零）

故障原因：绝对脉冲编码器的位置数据通过电池进行保存，不正确的更换电池（在断电的情况下换电池），或更换编码器、拆卸编码器的电缆等引起数据丢失，造成报警。

恢复方法：该报警的恢复就是使系统记忆机床的位置，有以下两种方法：

（1）如果有返回参考点功能，可以手动将报警的轴执行回零动作，如果在手动回零时还有其他报警，改变参数PRM21#（该参数指明各轴是否使用了绝对脉冲编码器），消除报警，并执行回零操作，回零完成后使用RESET消除该报警。

（2）如果没有出现回零功能，用MTB完成回零设置，步骤如下：①在手动方式将机床移到回零位置附近（机械位置）；②选择回零方式；③选择回零轴的移动方向键"＋"或"－"移动该轴，机床移到下一个栅格时停下来，该位置就被设为回零点。

项目小结

本项目通过对数控系统所出现的报警实例的分析讲解，介绍了数控系统报警故障处理的方法，要求掌握数控系统的组成和工作原理，为学习数控铣床其他部位的故障诊断与排除打下良好的基础。

思考训练

1. 数控系统有几部分组成？
2. FANUC 0i数控系统故障报警原因及处理方法。
3. 数控系统故障处理的先后顺序。
4. 数控系统故障的诊断方法有几种？

项目 三

数控主轴驱动系统模块

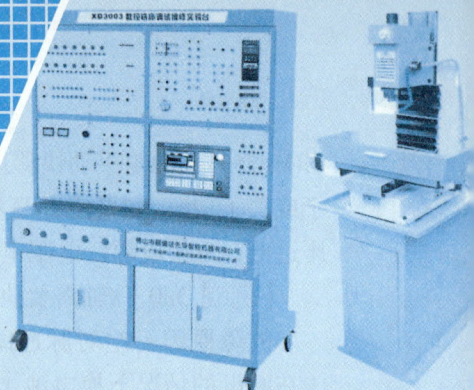

学习目标

知识目标：

1. 了解数控铣床的主轴及主传动的基本概念。
2. 掌握数控铣床主轴的基本结构及工作原理。
3. 掌握数控铣床主轴技术要求。
4. 了解数控铣床主轴系统常见故障形式。

技能目标：

1. 能读懂数控铣床的主轴装配图纸。
2. 能理解并分析主轴各零件的功能作用。
3. 能根据主轴出现的故障进行诊断与维护。
4. 能够对主轴进行装配。

项目分析

数控铣床的主轴驱动也就是说主传动系统，包括主轴驱动装置、主轴电动机、主轴位置检测装置、传动机构及主轴，它的性能直接决定了加工工件的表面质量，因此，在数控铣床的维修和维护中，主轴驱动系统显得很重要。主轴电动机有直流和交流两种，随着技术的发展现在有高速电主轴，它是把机床主轴与电动机融为一体的新技术。高速电主轴具有结构紧凑、重量轻、惯性小、振动小、噪声低、响应快等优点，并且能够实现快速准确定位，所以现在大部分数控铣床都使用高速电主轴。

实际维修业务流程及维修步骤都是从故障现象开始，如图3-1所示为通用企业维修业务流程。

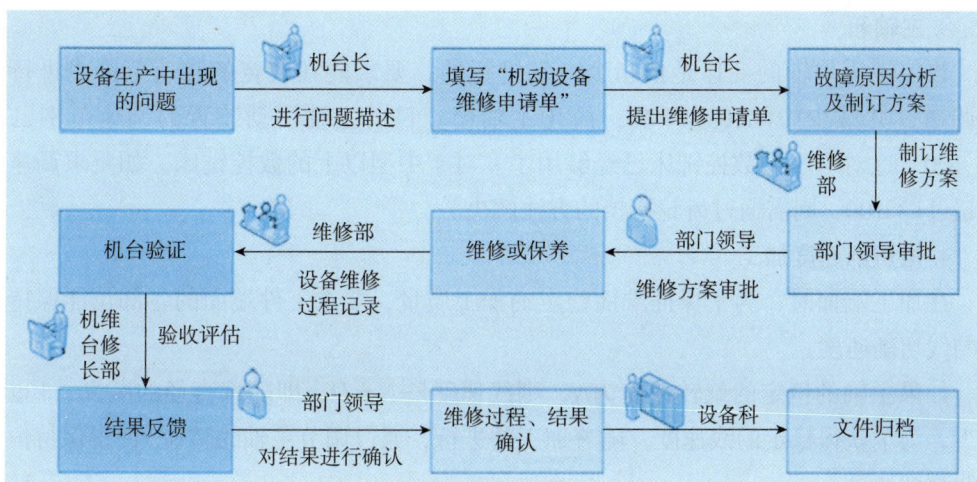

图3-1　通用企业维修业务流程

任务一
数控铣床主轴驱动的组成

一、数控铣床对主轴驱动的要求

随着数控技术的不断发展，传统的主轴驱动已不能满足要求。现代数控铣床对主传动系统提出了更高的要求。

1. 调速范围

加工各种不同类型零件的铣床对调速范围的要求不同。要满足不同的加工要求，就要有不同的加工速度。由于数控铣床的加工通常是在自动情况下进行的，尽量减少人的参与，因而要求其能够实现无级变速。多用途、通用性大的铣床要求主轴的调速范围大，不但有低速大转矩功能，而且还要有较高的速度；而对于专用数控铣床就不需要较大的调速范围，如数控齿轮铣床、为汽车工业大批量生产而设计的数控钻镗铣床；还有些数控铣床，不但要求能够加工黑色金属材料，还要能够加工铝合金等有色金属材料，这就要求变速范围大，且能够进行超高速切削。

2. 旋转精度和运动精度

主轴的旋转精度是指装配后，在无载荷、低速转动条件下测量主轴前端和距离前端300mm处的径向圆跳动值和端面圆跳动值。主轴在工作速度旋转时测量上述的两项精度称为运动精度。数控铣床要求有高的旋转精度和运动精度。

3. 主轴箱

数控铣床主轴的变速是依指令自动进行的，要求能在较宽的转速范围内进行无级调速，并减少中间传递环节，简化主轴箱。目前主轴驱动装置的调速范围已达1：100，这对中小型数控铣床已经够用了。对于中型以上的数控铣床，如要求调速范围超过1：100，则需通过齿轮换挡的方法解决。

4. 恒切削速度加工

在加工端面时，为了保证端面稳定的加工质量，要求工件端面的各部位能保持恒定的线切削速度。

如果主轴的恒定的旋转速度为N，则线速度$V=N\pi D$，即随着直径的减少，V也在减少，为了获得稳定的线速度，随着加工的进行，通过调节主轴的转速N使得保持恒定的线切削速度。

5. 主传动链

传动链越短，则累积误差越小，因此主传动链应尽可能短。

6. 刀具的快速装卸

主运动是刀具旋转运动的数控铣床，由于铣床可以进行多工序加工，工序变换时刀具也要更换，因此要求能够快速装卸刀具。

7. 加减速度控制

要求主轴在正、反向转动时均可进行自动加减速控制，即要求具有四象限驱动能力，并且加减速时间短。

8. 准停控制

为满足某些加工工艺的需要，要求主轴具有高精度的准停控制。

数控铣床常采用直流主轴驱动系统，但由于直流电动机受机械换向的影响，其使用和维护都比较麻烦，并且其恒功率调速范围小。进入20世纪80年代后，随着微电子技术、交流调速理论和大功率半导体技术的发展，交流驱动进入实用阶段，现在绝大多数数控铣床均采用笼型交流电动机配置矢量变换变频调速的主轴驱动系统。这是因为一方面笼型交流电动机不像直流电动机那样有机械换向带来的麻烦和在高速、大功率方面受到的限制，另一方面交流驱动的性能已达到直流驱动的水平，加上交流电动机体积小、重量轻，采用全封闭罩壳，对灰尘和油有较好防护，因此交流电动机已逐渐取代直流电动机。

二、主轴驱动系统的组成

数控铣床主轴驱动系统包括主轴驱动装置、主轴电动机、主轴位置检测装置、传动机构及主轴。

主轴驱动装置根据主轴速度控制信号的不同可分为模拟量控制的主轴驱动装置和串行数字控制的主轴驱动装置两类。

主轴电动机是数控铣床为了达到主轴的移动精度，而采用的伺服电动机和伺服驱动器。计算机通过串口控制伺服电动机步进距离及速度，返回位置坐标。数控铣床一般采用直流或交流主轴伺服电动机实现主轴无级变速，由于交流主轴电动机及交流变频驱动装置的性能已达到直流驱动系统的水平，降低了一定的噪音，目前应用较为广泛。

主轴位置检测装置主要用于闭环和半闭环系统，检测装置通过直接或间接的测量检测出执行部件的实际位移量，然后反馈到数控装置，并与指令位移进行比较，如果有差值，就发出运动控制信号，控制数控铣床移动部件向消除该差值的方向移动。通过不断比较指令信号与反馈信号，进行控制，直到差值为0，运动停止。位置检测装置是数控铣床伺服系统的重要组成部分。数控铣床的加工精度主要由检测系统的精度决定。不同类型的数控铣床，对位置检测元件，检测系统的精度要求和被测部件的最高移动速度各不相同。数控铣床对位置检测装置有如下要求：

（1）受温度、湿度的影响小，工作可靠，能长期保持精度，抗干扰能力强。

（2）在铣床执行部件移动范围内，能满足精度和速度的要求。

（3）使用维护方便，适应机床工作环境。

（4）成本低。

主轴指的是机床上带动工件或刀具旋转的轴。主轴部件的运动精度和结构刚度是决定加工质量和切削效率的重要因素。衡量主轴部件性能的指标主要是旋转精度、刚度和速度适应性。①旋转精度：主轴旋转时在影响加工精度的方向上出现的径向和轴向跳动（见形位公差），主要取决于主轴和轴承的制造及装配质量。②动、静刚度：主要取决于主轴的弯曲刚度、轴承的刚度和阻尼。③速度适应性：允许的最高转速和转速范围，主要取决于轴承的结构和润滑，以及散热条件。

主轴部件是机床的重要部件之一，其精度、抗震性和热变形对加工质量有直接影响。特别是数控铣床在加工过程中不进行人工调整，这些影响就更为严重。数控铣床主轴部件在结构上要解决好主轴的支承、主轴内刀具自动装夹、主轴的定向停止等问题。

想一想

主轴驱动装置里的传动机构是什么？它有什么作用？

任务二
控制主轴驱动装置的类型

一、数控主轴驱动装置的特点

主轴驱动系统是数控铣床的大功率执行机构，它接受来自CNC的驱动指令，经速度与转矩（功率）调节输出驱动信号驱动主电动机转动，同时接受速度反馈实施速度闭环控制。还通过PLC将主轴的各种工作状态通告CNC用以完成对主轴的各项功能控制。为满足数控铣床对主轴驱动的要求，主轴电动机必须具备下述功能：

（1）输出功率大。

（2）在整个调速范围内速度稳定，且恒功率范围宽。

（3）在断续负载下电动机转速波动小，过载能力强。

（4）加速时间短。

（5）电动机温升低。

（6）振动小、噪声小。

（7）电动机可靠性高、寿命长、易维护。

（8）体积小、质量轻。

二、主轴驱动装置的分类

数控铣床的主轴伺服系统按其所用的电动机来分，分为直流伺服系统和交流伺服系统两大类。数控铣床的主轴驱动装置根据主轴速度控制信号的不同可分为模拟量的主轴驱动装置和串行数字控制的主轴驱动装置两类。

20世纪70~80年代用得较多的是直流伺服系统。而在直流伺服系统中又分晶闸管整流方式（以下简称为SCR速度控制系统）和晶体臂脉宽调制方式（以下简称为PWM速度控制系统）两种，直流驱动系统在20世纪70年代初至80年代中期在数控铣床上占据主导地位，这是由于直流电动机具有良好的调速性能，输出力矩大，过载能力强，精度高，控制原理简单，易于调整。

随着微电子技术的迅速发展，20世纪80年代初期推出了交流驱动系统，由于变流驱动系统保持了直流驱动系统的优越性，而且交流电动机无须维护，便于制造，不受恶劣环境影响，所以，目前直流驱动系统已被交流驱动系统所取代。初期是采用模拟式交流伺服系统，而现在伺服系统的主流是数字式交流伺服系统。交流伺服驱动系统走向数字化，驱动系统中的电流环、速度环的反馈控制已全部数字化，系统的控制模型和动态补偿均由高速微处理器实时处理，增强了系统的自诊断能力，提高了系统的快速性和精度。

模拟量控制的主轴驱动装置采用变频器实现主轴电动机控制，有通用变频器控制通用电动机和专用变频器控制专用变频电动机两种形式。串行数字控制的主轴驱动装置是数控系统生产厂家用来驱动该厂家专用主轴电动机的驱动装置，不同数控系统其主轴驱动装置各异。

1. 直流主轴驱动装置

直流主轴电动机的结构与永磁式伺服电动机不同，主轴电动机要能输出大的功率，所以一般是他励式。为缩小体积，改善冷却效果，以免电动机过热，常采用轴向强迫风冷或采用热管冷却技术。

直流驱动装置有晶闸管和脉宽调制PWM调速两种形式。由于脉宽调制PWM调速具有很好的调速性能，因而在数控铣床特别是对精度、速度要求较高的数控铣床的进给驱动装置上广泛使用。而三相全控晶闸管调速装置则在大功率应用方面具有优势，因而常用于直流主轴驱动装置。

2. 交流主轴驱动装置

主轴伺服提供加工各类工件所需的切削功率，因此，只需完成主轴调速及正反转功能。但当要求机床有螺纹加工、准停和恒线速加工等功能时，对主轴也提出了相应的位置控制要求，因此，要求其输出功率大，具有恒转矩段及恒功率段，有准停控制，主轴与进给联动。与进给伺服一样，主轴伺服经历了从普通三相异步电动机传动到直流主轴传动。随着微处理器技术和大功率晶体管技术的发展，现在又进入了交流主轴伺服系统的时代。

（1）交流异步伺服系统。交流异步伺服通过在三相异步电动机的定子绕组中产生幅值、频率可变的正弦电流，该正弦电流产生的旋转磁场与电动机转子所产生的感应电流相互作用，产生电磁转矩，从而实现电动机的旋转。其中，正弦电流的幅值可分解为给定或可调的励磁电流与等效转子力矩电流的矢量和；正弦电流的频率可分解为转子转速与转差之和，以实现矢量化控制。交流异步伺服通常有模拟式、数字式两种方式。与模拟式相比，数字式伺服加速特性近似直线，时间短，且可提高主轴定位控制时系统的刚性和精度，操作方便，是机床主轴驱动采用的主要形式。然而交流异步伺服存在两个主要问题：一是转子发热，效率较低，转矩密度较小，体积较大；二是功率因数较低，因此，要获得较宽的恒功率调速范围，要求较大的逆变器容量。

（2）交流同步伺服系统。近年来，随着永磁体的开发和性能的不断提高，使得采用永磁同步调速电动机的交流同步伺服系统的性能日益突出，为解决交流异步伺服存在的问题带来了希望。与采用矢量控制的异步伺服相比，永磁同步电动机转子温度低，轴向连接位置精度高，要求的冷却条件不高，对机床环境的温度影响小，容易达到极小的低限速度。即使在低限速度下，也可作恒转矩运行，特别适合强力切削加工。同时其转矩密度高，转动惯量小，动态响应特性好，特别适合高生产率运行，较容易达到很高的调速比，允许同一机床主轴具有多种加工能力，既可以加工铝等低硬度材料，也可以加工很硬很脆的合金，为机床进行最优切削创造了条件。

三、高速电主轴

电主轴是最近几年在数控铣床领域出现的将机床主轴与主轴电动机融为一体的新技术，它与直线电动机技术、高速刀具技术一起，将会把高速加工推向一个新时代。高速数控铣床主传动系统取消了带轮传动和齿轮传动。机床主轴由内装式电动机直接驱动，从而把机床主传动链的长度缩短为零，实现了机床的"零传动"。这种主轴电动机与机床主轴合二为一的传动结构形式，使主轴部件从机床的传动系统和整体结构中相对独立出来，因此可做成主轴单元，又称电主轴（Electric Spindle或Motor Spindle）。由于当前电主轴主要采用的是交流高频电动机，故也称为高频主轴（High Frequency Spindle）。同时由于没有中间传动环节，有时又称它为直接传动主轴（Direct Drive Spindle）。

1. 电主轴的结构

高速主轴单元主要有高速电主轴、气动主轴和水动主轴。其中高速电主轴最为常见，高速电主轴单元是高速加工机床中最为关键的部件之一。目前大多数电主轴结构都是把加工主轴与电动机转轴做成一体，以实现零传动。

电主轴由无外壳电动机、主轴、轴承、主轴单元壳体、驱动模块和冷却装置等组成。电动机的转子采用压配方法与主轴做成一体，主轴则由前后轴承支承。电动机的定子通过冷却套安装于主轴单元的壳体中。主轴的变速由主轴驱动模块控制，而主轴单元内的温升由冷却装置限制。在主轴的后端装有测速、测角位移传感器，前端的内锥孔和端面用于安装刀具。如图3-2所示电主轴示意图，从图中可见，电主轴的结构十分紧凑，通常又在高速下运转，因而它的关键技术是如何解决它的发热问题。首先是轴承材料和精度，轴承的内外环采用高氮合金钢制造，配以陶瓷滚动元件；其次是润滑技术；再次是密封技术和冷却技术；最后是减少电动机的发热。

图3-2　高速电主轴示意图

2. 冷却润滑技术

过去加工中心机床主轴轴承大都采用油脂润滑方式，为了适应主轴转速向更高速化发展的需要，新的润滑冷却方式相继开发出来，下面介绍为减小轴承温升，进而减小轴承内外圈的温差，以及为解决高速主轴轴承滚道处进油困难所开发的两种润滑冷却方式。为了尽快给高速运行的电主轴散热，通常对电主轴的外壁通以循环冷却剂，冷却装置的作用是保持冷却剂的温度。

（1）油气润滑方式。这种润滑方式是用压缩空气把小油滴送进轴承空隙中，油量大小可达最佳值，压缩空气有散热作用，润滑油可回收，不污染周围空气，如图3-3是油气润滑原理图。

（2）喷注润滑方式。这是一种新型的润滑方式，其原理如图3-4所示。它用较大流量的恒温油（每个轴承3~4L/min）喷注到主轴轴承，以达到冷却润滑的目的。回油则不是自然回流，而是用两台排油液压泵强制排油。

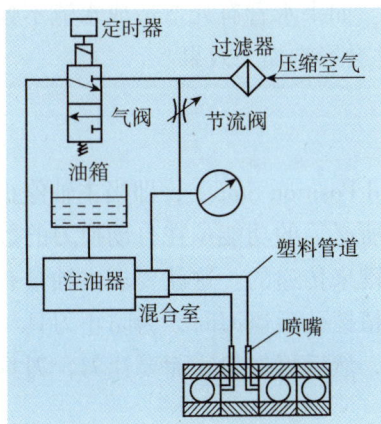

图3-3　油气润滑原理图

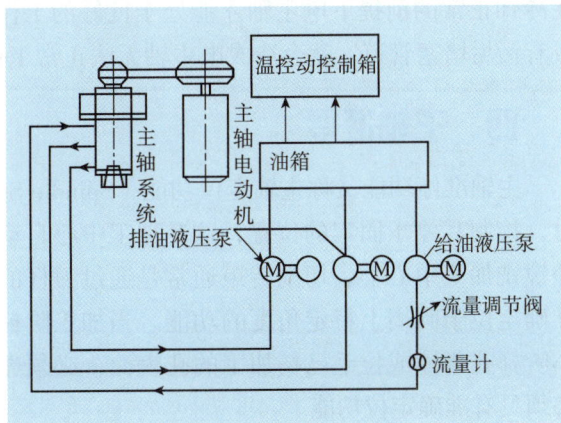

图3-4　喷注润滑系统

3. 电主轴的动平衡

由于不平衡质量是以主轴转速的二次方影响主轴动态性能的，所以主轴的转速越高，主轴不平衡质量引起的动态问题越严重。对电主轴来说，由于电动机转子直接过盈固定在主轴上，增加了主轴的转动质量，使主轴的极限频率下降，因此，超高速电主轴的动平衡精度应严格要求，一般应达到G1~G0.4级（$G=e\omega$，e为偏心量，ω为角速度）。为此，电主轴装配后必须进行整体精确动平衡测试，甚至还要设计专门的自动平衡系统来实现电主轴的在线动平衡。

在电主轴的动平衡中，刀具的定位夹紧及平衡也是主要的影响因素之一。回转刀具的刀头距回转中心的偏差，是主轴高速回转时产生振动的原因，同时导致刀具寿命缩短。因此，必须对包括刀具和刀夹的旋转总成充分地进行动平衡，以消除有害的动态不平衡力，避免高速下颤振和振动。

4. 电主轴的优点

电主轴具有结构紧凑、重量轻、惯性小、振动小、噪声低和响应快等优点，而且转速高、功率大，简化了机床的设计，易于实现主轴定位，是高速主轴单元中的一种理想结构。电主轴轴承采用高速轴承技术，耐磨耐热，寿命是传统轴承的几倍。

5. 电主轴的保养

（1）操作人员每天在工作完后要使用吸尘器清理电主轴的转子端和电动机接线端子上的废屑，防止废屑在转子端和接线端子上堆积，以避免废屑进入轴承，加速高速轴承的磨损；避免废屑进入接线端子，造成电动机短路烧毁。

（2）每次对电主轴更换刀具时，操作人员必须要将压帽卡头拧下，不能使用直接插拔刀具的方法换刀。操作人员要在卸刀后需将卡头和压帽清理干净。

（3）每天开机后操作人员必须检查电主轴的冷却水流的工作状态，要检查水泵是否正常工作，要检查冷却水是否被水垢、微生物污染，要检查管路状态是否正常，必须要保证冷却水正常循环，严禁在电主轴内无冷却水通过的情况下开启电主轴！只有在冷却正常的前提下电主轴才能处于良好的工作状态。如果水管有死弯造成水流不畅或有污垢堵塞管道，就会造成电主轴无法正常工作，并会影响加工效果。

四、主轴准停

主轴准停功能又称主轴定位功能（Spindle Specified Position Stop），即当主轴停止时，控制其停于固定的位置，这是加工中心自动换刀所必需的功能。在自动换刀的数控镗铣加工中心上，切削转矩通常是通过刀杆的端面键来传递的。这就要求主轴具有准确定位于圆周上特定角度的功能。当加工阶梯孔或精镗孔后退刀时，为防止刀具与小阶梯孔碰撞或拉毛已精加工的孔表面，必须先让刀，然后再退刀。而要让刀，刀具必须具有准确定位功能。

主轴准停可分为机械准停与电气准停，但是它们的工作过程是一样的。如图3-5所示。

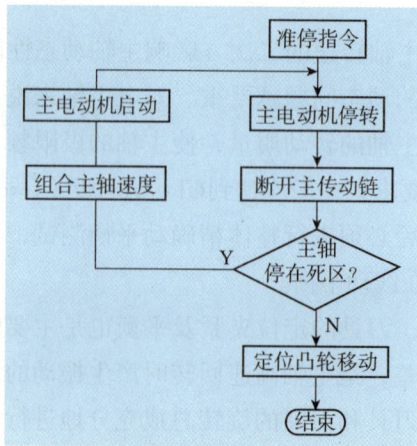

图3-5　准停控制

1. 机械准停控制

使用机械准停时，准停前主轴必须是处于停止状态，当接收到主轴准停指令后，主轴电动机以低速转动，主轴箱内齿轮换挡使主轴以低速旋转，时间继电器开始动作，并延时4~6s，保证主轴转稳后接通无触点开关1的电源，当主轴转到图示位置，即凸轮定位盘3上的感应块2与无触点开关1相接触时发出信号，使主轴电动机停转。另一延时继电器延时0.2~0.4s后，压力油进入定位液压缸下腔，使定向活塞向左移动，当定向活塞上的定向滚轮5顶入凸轮定位盘的凹槽内时，行程开关LS2发出信号，主轴准停完成。若延时继电器延时1s后行程开关LS2仍不发信号，说明准停没完成，需使定位活塞6后退，重新准停。当活塞杆向右移到位时，行程开关LS1发出滚轮5退出凸轮定位盘凹槽的信号，此时主轴可启动工作，如图3-6（a）所示。

机械准停装置比较准确可靠，但结构较复杂。机械准停还有其他实现方式，但基本原理是一样的。

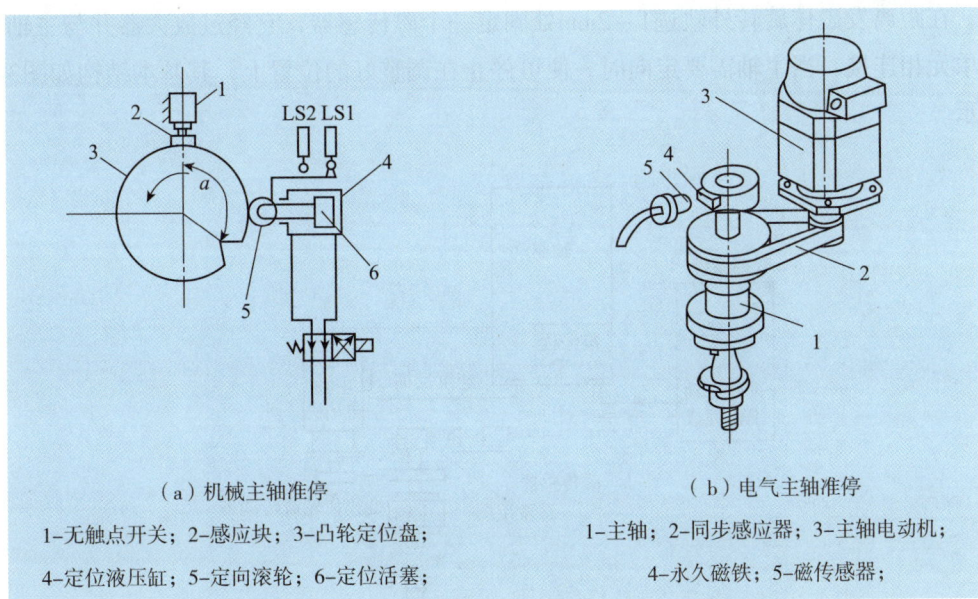

（a）机械主轴准停　　　　　　　　　　　　（b）电气主轴准停

1-无触点开关；2-感应块；3-凸轮定位盘；　　　　1-主轴；2-同步感应器；3-主轴电动机；
4-定位液压缸；5-定向滚轮；6-定位活塞；　　　　4-永久磁铁；5-磁传感器；

图3-6　主轴准停

2. 电气准停控制

现代的数控铣床一般都采用电气主轴准停装置，只要数控系统发出指令信号主轴就可以准确地定向。

常用磁力传感器检测定向的工作原理如图3-6（b）所示是在主轴上安装有一个永久磁铁4与主轴一起旋转，在距离永久磁铁4旋转轨迹外1~2mm处固定有一个磁传感器5，当铣床主轴需要停车换刀时，数控装置发出主轴停转的指令，主轴电动机3立即降速，使主轴以很低的转速回转，当永久磁铁4对准磁传感器5时，磁传感器发出准停信号，此信号经放大后，由定向电路使电动机准确地停止在规定的周向位置上。通过这种准停装置可以看出，采用电气准停控制有如下优点：

（1）简化机械结构。与机械准停相比，电气准停只需在主轴旋转部件和固定部件上安装传感器即可。

（2）缩短准停时间。准停时间包括在换刀时间内，而换刀时间是加工中心的一项重要指标。采用电气准停，即使主轴在高速转动时，也能快速定位形成位置控制。

（3）可靠性增加。由于无需复杂的机械、开关、液压缸等装置，也没有机械准停所形成的机械冲击，因而准停控制的寿命与可靠性大大增加。

由于简化了机械结构和强电控制逻辑，这部分的成本大大降低。但电气准停常作为选择功能，订购电气准停附件需要另外的费用。但总体来看，性价比还是提高了。

目前电气准停的三种方式：

方式一：用磁性传感器准停控制系统。在主轴上安装一个磁发生器与主轴一起旋转，在距离发磁体旋转外轨迹1～2mm处固定一个磁传感器，它经过放大器并与主轴控制单元相连接，当主轴需要定向时，便可停止在调整好的位置上，其基本结构如图3-7所示。

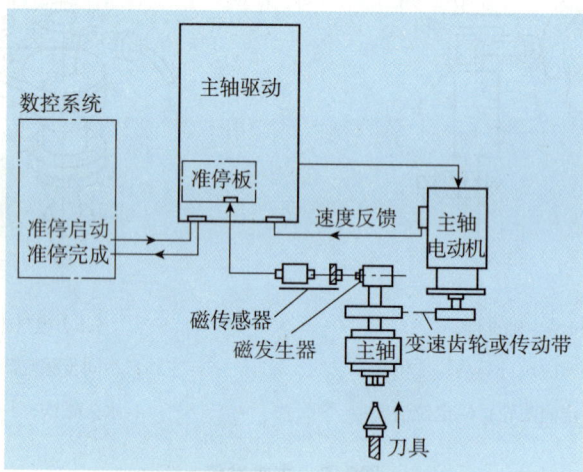

图3-7　磁性传感器准停控制系统构成

方式二：编码器型主轴准停编码器。这种方法是通过主轴电动机内置安装的位置编码器或在机床主轴箱上安装一个与主轴1:1同步旋转的位置编码器来实现准停控制的，准停角度可任意设定。主轴驱动装置内部可自动转换状态，使主轴驱动处于速度控制或位置控制状态。数控铣床准停角度可由外部开关量信号设定，这一点与磁传感器准停不同。磁传感器准停的角度无法随意设定，要调整准停位置，只有调整磁发体与磁传感器的相对位置，其控制步骤与传感器类似，其基本结构如图3-8所示。

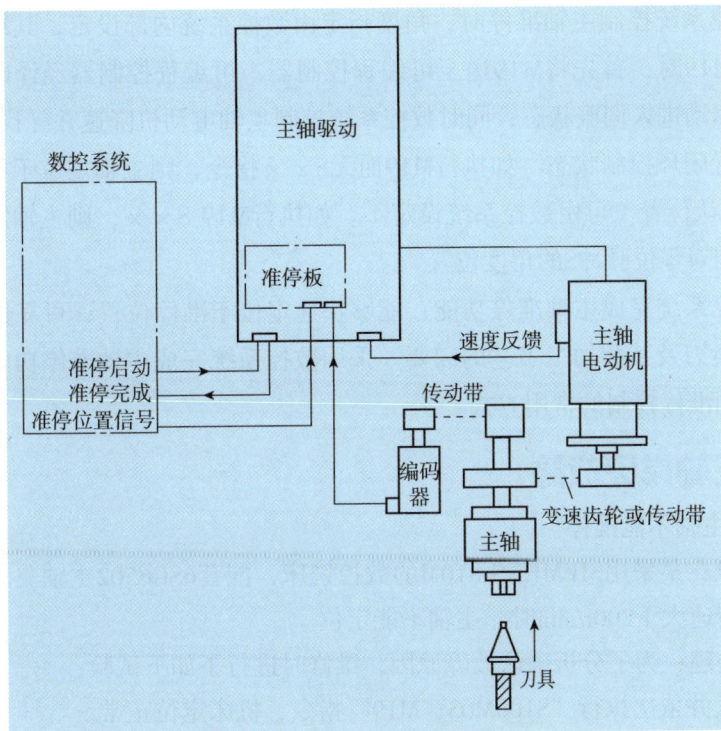

图3-8　编码器主轴准停结构

方式三：数控系统控制准停。数控系统准停控制是由数控系统完成的，采用这种控制方式需注意数控系统必须具有主轴闭环控制功能。主轴驱动装置应有进入伺服状态的功能。通常为避免冲击，主轴驱动都具有软启动等功能。但这对主轴位置闭环控制产生不利影响。此时位置增益过低则准停精度和刚度（克服外界扰动的能力）不能满足要求，此时特性与进给伺服装置相近，才可进行位置控制。通常为方便起见，均采用电动机轴端编码器信号反馈给数控系统，这时主轴传动链精度可能对准停精度产生影响。

无论采用何种准停方案（特别对磁传感器主轴准停方式），当需在主轴安装元件时，应注意动平衡问题。由于数控铣床主轴精度很高，转速也很高，因此对动平衡要求严格。一般对中速以下的主轴来说，有一点不平衡还不至于有太大的问题，但当主轴高速旋转时，这一不平衡量可能会引起主轴振动。为适应主轴高速化的需要，国外已开发出整环式磁传感器主轴准停装置，由于磁发体是整环，动平衡性好。如图3-9所示是数控系统控制主轴准停结构示意图。

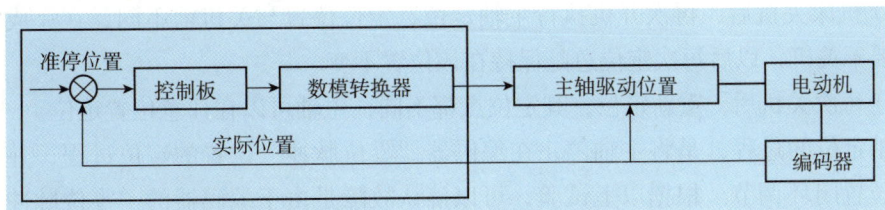

图3-9　数控系统控制主轴准停结构

采用数控系统控制主轴准停时，角度指定由数控系统内部设定，其准停步骤：数控系统执行M19时，首先将M19送至可编程控制器，可编程控制器经译码送出控制信号，使主轴驱动进入伺服状态，同时数控系统控制主轴电动机降速并寻找零位脉冲C，然后进入位置闭环控制状态。如执行M19而无S××指令，则主轴定位于相对于零位脉冲C的某一默认位置（可由数控系统设定）。如执行M19 S××，则主轴定位于指令位置，也就是相对零位脉冲S的角度位置。

采用数控系统完成主轴准停功能，能够快速定位于准停位置，可靠性高；同时能够满足自动换刀及某些加工工艺的需要。采用数控系统完成主轴准停功能是现代数控铣床实现主轴准停控制的常用方式。

五、主轴常见故障

【例1】主轴不能准停

故障现象： 某采用SIEMENS 810M的数控铣床，配套6SC6502主轴驱动器，在调试时，当主轴转速大于200r/min时，主轴不能定位。

分析与处理： 为了分析确认故障原因，维修时进行了如下试验：

（1）输入并依次执行"S100M03；M19"指令，机床定位正常。

（2）输入并依次执行"S100M04；M19"指令，机床定位正常。

（3）输入并依次执行"S200M03；M05；M19"指令，机床定位正常。

（4）直接输入并依次执行"S200M03；M19"指令，机床不能定位。

根据以上试验，确认系统、驱动器工作正常，考虑引起故障的可能原因是编码器高速特性不良或主轴实际定位速度过高引起的。因此，检查主轴电动机实际转速，发现与指令值相差很大，当执行指令S200时，实际机床主轴转速为300r/min，调整主轴驱动器参数，使主轴实际转速与指令值相符后，故障排除。

【例2】主轴准停位置不稳定

故障现象： 某采用SIEMENS 810M的数控铣床，配套6SC6502主轴驱动器，在调试时，出现主轴定位点不稳定的故障。

分析与处理： 通过反复试验多次定位，确认故障的实际现象为：

（1）该机床可以在任意时刻进行主轴定位，定位动作正确。

（2）只要机床不关机，不论进行多少次定位，其定位点总是保持不变。

（3）机床关机后，再次开机执行主轴定位，定位位置与关机前不同，在完成定位后，只要不关机，以后每次定位总是保持在该位置不变。

（4）每次关机后，重新定位，其定位点都不同，主轴可以在任意位置定位。

主轴定位的过程，是将主轴停止在编码器"零位脉冲"位置的定位过程，并在该点进行位置闭环调节。根据以上试验，可以确认故障是由于编码器的"零位脉冲"不固定引起的。分析可能引起以上故障的原因有：

（1）编码器固定不良，在旋转过程中编码器与主轴的相对位置在不断变化。

（2）编码器不良，无"零位脉冲"输出或"零位脉冲"受到干扰。

（3）编码器连接错误。

逐一检查上述原因，排除了编码器固定不良、编码器不良的原因。进一步检查编码器的连接，发现该编码器内部的"零位脉冲"Ua0与*Ua0引出线接反，重新连接后，故障排除。

【例3】主轴准停时出现振荡

故障现象：某采用SIEMENS 810M的数控铣床，在更换了主轴编码器后，发现主轴定位时不断振荡，无法完成定位。

分析与处理：由于该机床更换了主轴位置编码器，机床在执行主轴定位时减速动作正确，分析原因应与主轴位置反馈极性有关，当位置反馈极性设定错误时，必然会引起以上现象。更换主轴编码器极性可以通过交换编码器输出信号Ual/Ua2、*Ua1/*Ua2进行，当编码器定位由CNC控制时，也可以通过修改CNC机床参数进行，在本机床上通过修改810M的主轴反馈极性参数（MD5200bitl），主轴定位恢复正常。

任务三

华中世纪星HNC-21TF系统主轴控制

一、华中数控主轴驱动系统

HNC-21数控装置通过XS9主轴控制接口和PLC输入／输出接口，可连接各种主轴驱动器，实现正反转、定向、调速等控制，还可以外接主轴编码器，实现螺纹车削功能。

1. 与主轴相关的接口定义

（1）主轴控制接口XS9。XS9主轴控制接口如图3-10所示，包括主轴速度模拟电压指令输出和主轴编码器反馈输入，其信号定义见表3-1。

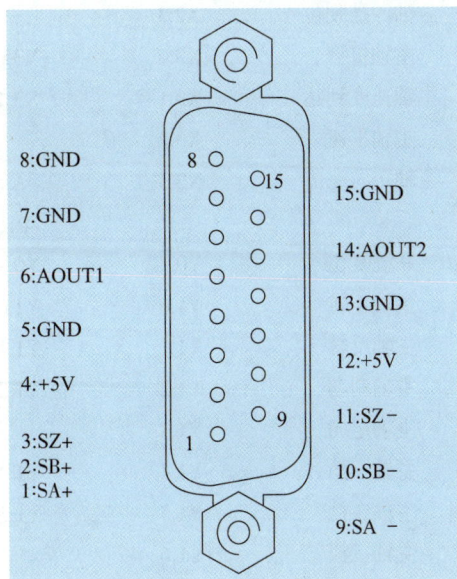

8:GND　　　　8　　15　15:GND

7:GND　　　　　　　　　14:AOUT2

6:AOUT1　　　　　　　　13:GND

5:GND　　　　　　　　　12:+5V

4:+5V　　　　　　　9　　11:SZ -

3:SZ+　　　　　1　　　　10:SB-

2:SB+　　　　　　　　　9:SA -

1:SA+

图3-10　主轴控制接口

表3-1 XS9信号表

信号名	说明
SA+、SA-	主轴编码器A相位反馈信号
SB+、SB-	主轴编码器B相位反馈信号
SZ+、SZ-	主轴编码器Z脉冲反馈
+5V、+5V地	DC5V电源
AOUT1	主轴模拟量指令-10~+10V输出
AOUT2	主轴模拟量指令0~+10V输出
GND	模拟量输出地

（2）与主轴控制相关的输入／输出开关量。连接主轴装置时，需要使用输入／输出开关量控制主轴电动机的启停及接收相关的状态与报警信息，如表3-2所示。如图3-11所示为输入接口，其中24VG为外部开关量DC24V电源地；I0~I39为输入开关量。O0~O31为输出开关量。

表3-2 与主轴控制有关的输入／输出开关量信号

信号说明	标号（X/Y地址）		所在接口	信号名	脚号
	铣	车			
输入开关量					
主轴一挡到位	X2.0	X2.0	XS10	I16	5
主轴二挡到位	X2.1	X2.1		I17	17
主轴三挡到位	X2.2			I18	4
主轴四挡到位	X2.3			I19	16
主轴报警	X3.0	X3.0	XS11	I24	11
主轴速度到达	X3.1	X3.1		I25	23
主轴零速	X3.2			I26	10
主轴定向完成	X3.3			I27	22
输出开关量					
系统复位	Y0.1	Y0.1	S20	O01	25
主轴正转	Y1.0	Y1.0		O08	9
主轴反转	Y1.1	Y1.1		O09	21
主轴制动	Y1.2	Y1.2		O10	8
主轴定向	Y1.3			O11	20
主轴一挡	Y1.4	Y1.4		O12	7
主轴二挡	Y1.5	Y1.5		O13	19
主轴三挡	Y1.6			O14	6
主轴四挡	Y1.7			O15	18

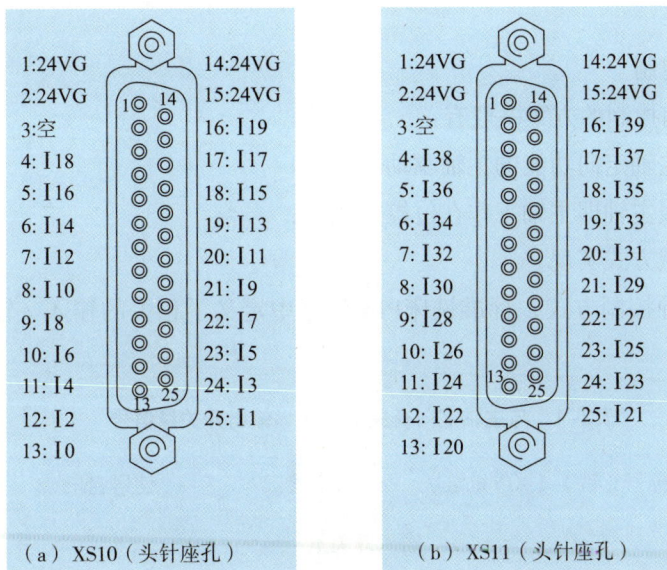

（a）XS10（头针座孔）　　　　（b）XS11（头针座孔）

图3-11　主轴控制相关的输入接口

2. 主轴启停

主轴启停控制由PLC承担，标准铣床PLC程序和标准车床PLC程序中关于主轴启停控制的信号见表3-3。

表3-3　与主轴启停有关的输入／输出开关量信号

信号说明	标号（X/Y地址）		所在接口	信号名	脚号
	铣	车			
输入开关量					
主轴速度到达	X3.1	X3.1	XS11	I25	23
主轴零速	X3.2	X3.2		I26	10
输出开关量					
主轴正转	Y1.0	Y1.0	XS20	O08	9
主轴反转	Y1.1	Y1.1		O09	21

利用Y1.0、Y1.1输出即可控制主轴装置的正、反转及停止，一般定义接通有效，这样当Y1.0接通时可控制主轴装置正转，Y1.1接通时，主轴装置反转，二者都不接通时，主轴装置停止旋转。在使用某些主轴变频器或主轴伺服单元时也用Y1.0、Y1.1作为主轴单元的使能信号。部分主轴装置的运转方向由速度给定信号的正、负极性控制，这时可将主轴正转信号用作主轴使能控制，主轴反转信号不用。部分主轴控制器有速度到达和零速信号，此时可通过主轴速度到达和主轴零速信号的输入，实现PLC对主轴运转

状态的监控。

3. 主轴定向控制

实现主轴定向控制的方案一般有：

（1）采用带主轴定向功能的主轴驱动单元；

（2）采用伺服主轴即主轴工作在位控方式下；

（3）采用机械方式实现。

对应于第一种控制方式，标准铣床PLC程序中定义了相关的输入／输出信号，见表3-4所示。

表3-4　与主轴定向有关的输入／输出开关量信号

信号说明	标号（铣）（X/Y地址）	所在接口	信号名	脚号
输入开关量				
主轴定向完成	X3.3	XS11	I27	22
输出开关量				
主轴定向	Y1.3	XS20	O11	20

由PLC发出主轴定向命令即Y1.3接通，主轴单元完成定向后送回主轴定向完成信号X3.3。第二种控制方式主轴作为一个伺服轴控制，在需要时可由用户设定PLC程序控制定向到任意角度。第三种控制方式根据所采用的具体方式，使用者可自行定义有关的PLC输入／输出点，并编制相应PLC程序。

4. 主轴速度控制

HNC-21通过XS9主轴接口中的模拟量输出可控制主轴转速，其中AOUT1的输出范围为-10～+10V，用于双极性速度指令输入的主轴驱动单元或变频器，这时采用使能信号控制主轴的启停；AOUT2的输出范围为0～+10V，用于单极性速度指令输入的主轴驱动单元或变频器，这时采用主轴正转、主轴反转信号控制主轴的正、反转。模拟电压的值由用户PLC程序送到相应接口的数字量决定。

5. 主轴换挡控制

主轴自动换挡通过PLC控制完成，标准铣床PLC程序和标准车床PLC程序中关于主轴换挡控制的信号见表3-5。

使用主轴变频器或主轴伺服时，需要用户在PLC程序中根据不同的挡位确定主轴速度指令（模拟电压）的值。

表3-5　与主轴换挡控制有关的输入／输出开关量信号

信号说明	标号(X/Y地址)		所在接口	信号名	脚号
	铣	车			
输入开关量					
主轴一挡到位	X2.0	X2.0	XS10	I16	5
主轴二挡到位	X2.1	X2.1		I17	17
主轴三挡到位	X2.2			I18	4
主轴四挡到位	X2.3			I19	16
输出开关量					
主轴一挡	Y1.4	Y1.4	XS20	O12	7
主轴二挡	Y1.5	Y1.5		O13	19
主轴三挡	Y1.6			O14	6
主轴四挡	Y1.7			O15	18

6. 主轴编码器连接

通过主轴接口XS9可外接主轴编码器，用于螺纹切割、攻螺纹等，此数控装置可接入两种输出类型的编码器，即差分TTL方波或单极性TTL方波。一般建议使用差分编码器，从而提高长传输距离的可靠性及抗干扰能力。

编码器规格要求：+5V电源（200 mA以内，若超过200 mA请设计外部电源供电）；TTL电平输出；差分A、B、Z信号输出，输入／输出开关信号见表3-1。

7. 交流变频主轴

采用交流变频器控制交流变频电动机，可在一定范围内实现主轴的无级变速，这时需将数控装置主轴控制接口(XS9)中的模拟量电压输出信号，作为变频器的速度给定，采用开关量输出信号（XS20，XS21）控制主轴起、停（或正反转）。一般连接如图3-12所示（若没有主轴编码器则点画线框中的内容没有）。

采用交流变频主轴时，由于低速特性不很理想，一般需配合机械换挡以兼顾低速特性和调速范围。需要车削螺纹或攻螺纹时，可外接主轴编码器。若没有主轴编码器则点画线框中的内容没有。

8. 普通三相异步电动机

当用无调速装置的交流异步电动机作为主轴电动机时，只需利用数控装置输出开关量控制中间继电器和接触器，即可控制主轴电动机的正转、反转、停止。如图3-13所示，图中KA3、KM3控制电动机正转，KA4、KM4控制电动机反转。

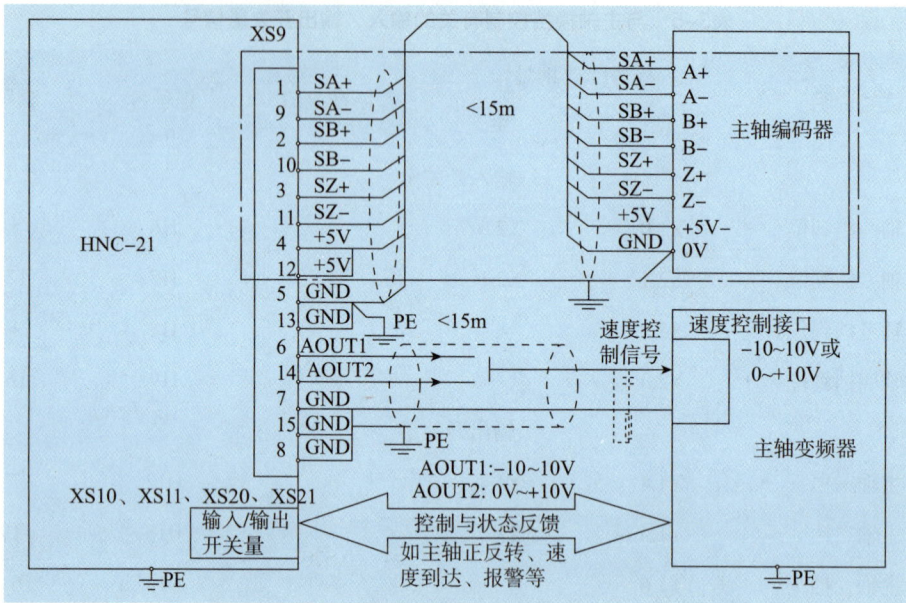

图3-12　HNC-21数控装置与主轴变频器的接线图

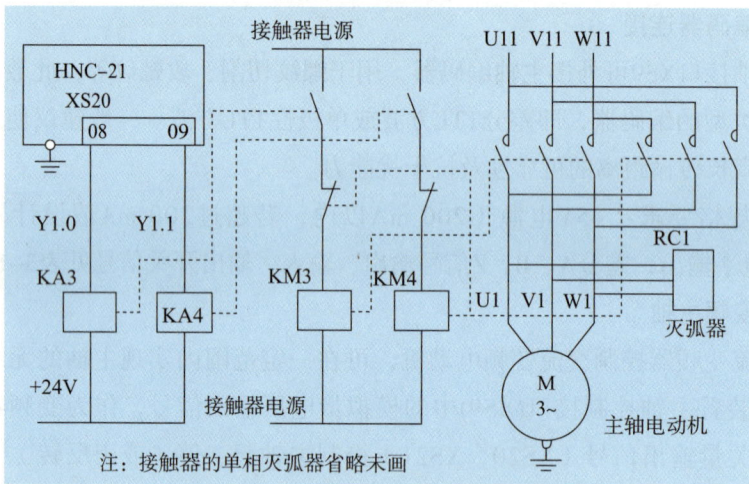

图3-13　HNC-21数控装置与普通三相异步主轴电动机的连接

9. 伺服驱动主轴

数控铣床对主轴要求在很宽范围内转速可调，恒功率范围宽。要求机床有螺纹加工功能、准停功能和恒功率加工等功能时，就要对主轴提出相应的速度控制和位置控制要求。

主轴驱动系统也可称为主轴伺服系统，相应的主轴电动机装配有编码器作为主轴位置检测；另一种方法就是在主轴上直接安装外置式的编码器，这在机床改造和经济型数控车床中用得较多。

与交流伺服驱动一样，交流主轴驱动系统也有模拟式和数字式两种形式，交流主轴驱动系统与直流主轴驱动系统相比，具有如下特点：

（1）由于驱动系统必须采用微处理器和现代控制理论进行控制，因此其运行平稳、振动和噪声小。

（2）驱动系统一般都具有再生制动功能，在制动时，既可将电动机能量反馈回电网，起到节能的效果，又可加快制动速度。

（3）特别是对于全数字式主轴驱动系统，驱动器可直接使用，CNC的数字量输出信号进行控制，不要经过D/A转换，转速控制精度得到了提高。

（4）与数字交流伺服驱动一样，在数字式主轴驱动系统中，还可采用参数设定方法对系统进行静态调整与动态优化，系统设定灵活、调整准确。

（5）由于交流主轴电动机无换向器，主轴电动机通常不需要进行维修。

（6）主轴电动机转速的提高不受换向器的限制，最高转速通常比直流主轴电动机更高，每分钟可达到数万转。

采用伺服驱动主轴可获得较宽的调速范围和良好的低速特性，还可实现主轴定向控制。这时可利用数控装置上的主轴控制接口(XS9)中的模拟量输出信号（模拟电压），作为主轴单元的速度给定。利用PLC输出控制启停（或正、反转）及定向。一般连接如图3-14（a）所示。

需车削螺纹或攻螺纹时可利用主轴伺服本身反馈到数控装置接口XS9的主轴位置信息，如图3-14（b）所示，也可外接主轴编码器，如图3-14（c）所示。

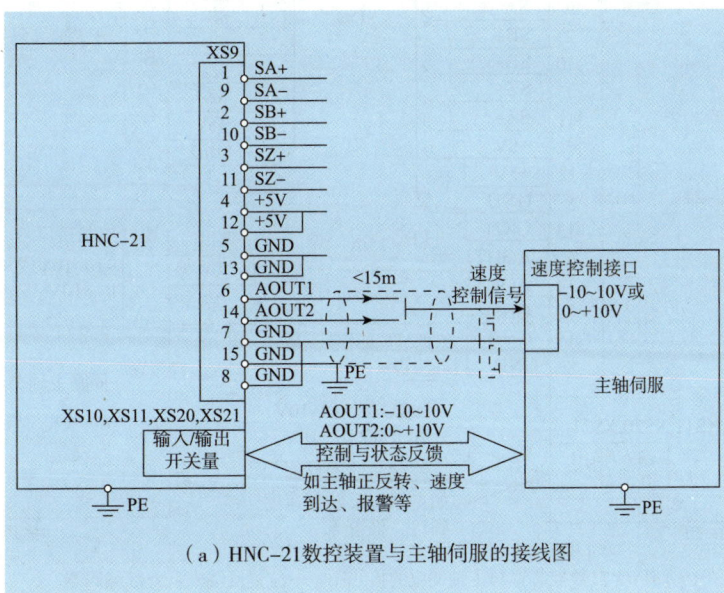

（a）HNC-21数控装置与主轴伺服的接线图

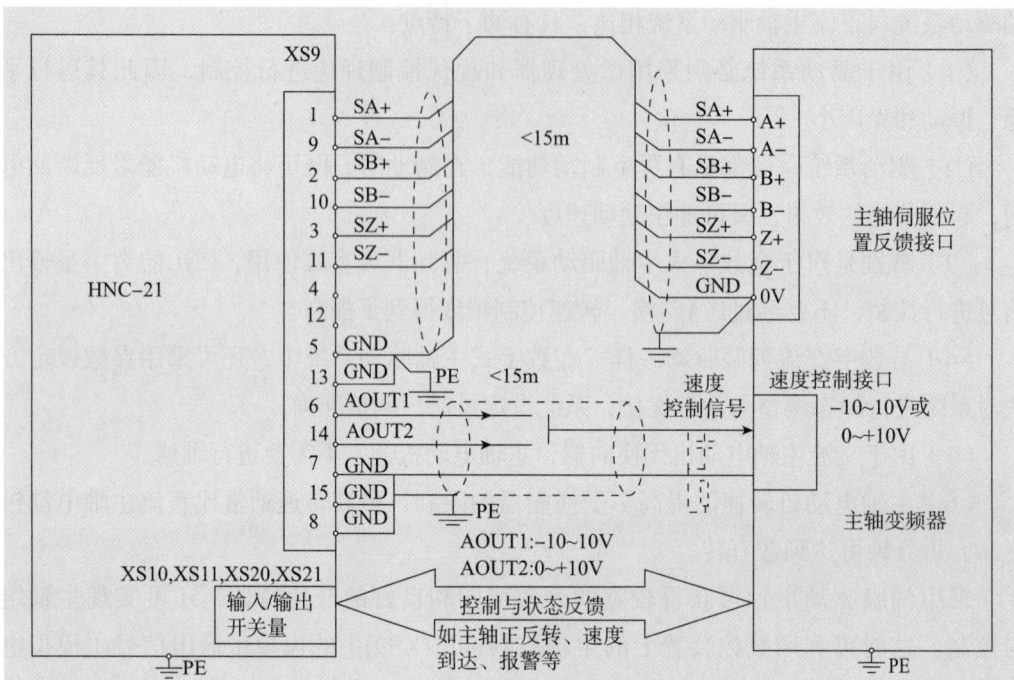

（b）HNC-21数控装置与主轴伺服的接线图——位置反馈来自主轴伺服

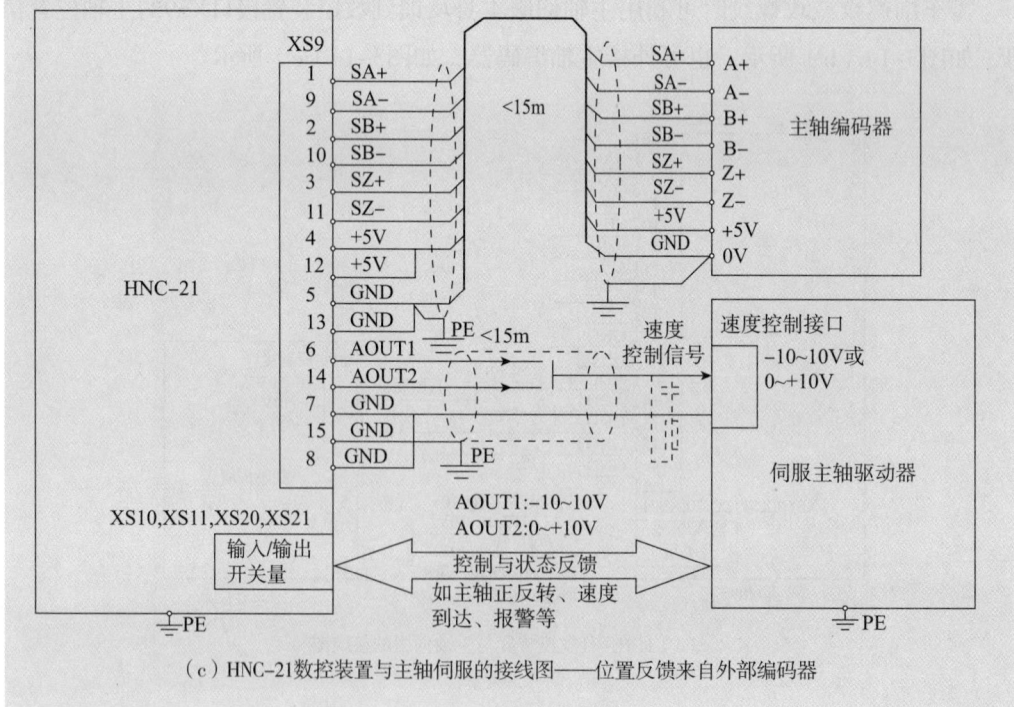

（c）HNC-21数控装置与主轴伺服的接线图——位置反馈来自外部编码器

图3-14　HNC-21数控装置与主轴伺服接线图

二、华中数控主轴驱动系统的故障诊断与维修

本任务主要介绍华中数控系统电气部分的诊断，以及主轴变频系统和主轴伺服系统的故障及处理。

1. 主轴变频系统常见故障及处理

（1）主轴电动机不转，其主要原因有：

①CNC系统是否有速度控制信号输出。

②主轴驱动装置故障。

③主轴电动机故障。

④变频器输出端子U、V、W不能提供电源。造成此种情况可能由于设备报警或者频率指定源和运行指定源的参数设置不正确，还有可能是智能输入端子的输入信号不正确。

（2）电动机反转可以从以下两方面进行检查。

①检查输出端子U/Tl、V/T2和W/T3的连接是否正确。电动机的相序与端子连接应相对应，通常来说，正转（FWD）的连接顺序为U-V-W，反转（REV）的连接顺序为U-W-V。

②检查控制端子（FW）和（RV）连线是否正确。端子（FW）用于正转，端子（RV）用于反转。

（3）电动机转速不能到达给定值，可以从以下两方面进行检查。

①如果使用模拟量输入，是否用电流"01"或电压"0"。检查连线；检查电位器或信号发生器。

②负载太重。由于重负载激活了过载限定，可减少负载。

（4）电动机过载。造成电动机过载原因可能有：机械负载有突变；电动机功率太小；电动机发热绝缘变差；电压波动较大；存在缺相问题；机械负载增大；供电电压过低。

（5）变频器过载。造成变频器过载原因可能有：变频器容量小；机械负载有卡死现象；V/F曲线设定不良，需要重新设定。

（6）主轴转速不稳定。主要原因有负载波动太大；电源是否不稳（该现象是否出现在某一特定频率下，若是在特定频率下可以稍微改变输出频率，使用跳频设定将此有问题的频率跳过）；外界干扰。

（7）主轴转速与变频器输出频率不匹配。主要原因有最大频率设定不正确；V/F设定值与主轴电动机规格不匹配；比例项参数设定不正确。

（8）主轴与进给不匹配（螺纹加工时）。主要原因有当进行螺纹切削或用每转进给指令切削时，会出现停止进给时主轴仍继续运转的故障。要执行每转进给的指令，主轴必须有每转一个脉冲的反馈信号，一般情况下为主轴编码器有问题。可以通过以下3个方面来确定：

①CRT画面有报警显示；

②通过PLC状态显示观察编码器的信号状态；

③用每分钟进给指令代替每转进给指令来执行程序，观察故障是否消失。

2. 主轴伺服系统故障诊断

当主轴伺服系统发生故障时，通常有三种表现形式：CRT或操作面板上显示报警内容或报警信息；在主轴驱动装置上用报警灯或数码管显示主轴驱动装置的故障；主轴工作不正常，但无任何报警信息。

（1）主轴伺服系统常见故障。常见的故障有过载和主轴不能转动现象。

由于过载常表现出的现象是主轴电动机过热，主轴驱动装置显示过电流报警等。可能原因是切削用量过大，频繁正、反转等均可引起过载报警。

若是主轴不能转动，应检查CNC系统是否有速度控制信号输出；检查使能信号是否接通；主轴电动机动力线断裂或主轴控制单元连接不良；机床负载过大；主轴驱动装置故障；主轴电动机故障。在机械方面，主轴不转常发生在强力切削下，可能原因有：主轴与电动机连接带过松或带表面有油，造成打滑；主轴中的拉杆未拉紧夹持刀具的拉钉。

（2）主轴转速异常或转速不稳定。当主轴转速超过技术要求所规定的范围，可能的原因有：CNC系统输出的主轴转速模拟量（通常为0～±10V）没有达到与转速指令对应的值，或速度指令错误；CNC系统中D/A转换器故障；主轴转速模拟量中有干扰噪声；测速装置有故障或速度反馈信号断线；电动机过载，电动机不良（包括励磁丧失）；主轴驱动装置故障。

（3）主轴振动或噪声太大。首先要区分噪声及振动发生在主轴机械部分还是电气部分。

①如果在减速过程中发生，一般是由驱动装置造成的，如交流驱动中的再生回路故障。

②如果在恒转速时发生，可通过观察主轴电动机自由停车过程中是否有噪声和振动来区别，如存在，则主轴机械部分有问题。

③检查振动的周期是否与转速有关，如果无关系，一般是主轴驱动装置未调整好；如果有关系，应检查主轴机械部分是否良好，测速装置是否良好。

（4）电气部分故障。

①电源缺相或电源电压不正常。

②控制单元上的电源开关设定（50/60Hz切换）错误。

③伺服单元上的增益电路和颤抖电路调整不好或设置不当。

④电流反馈回路未调整好；三相输入的相序不对。

（5）机械部分故障。

①主轴箱与床身的连接螺钉松动。

②轴承预紧力不够或预紧螺钉松动，游隙过大，使之产生轴向窜动，应重新紧固。

③轴承损坏，应更换轴承；主轴部件上动平衡不好，应重新调整动平衡。

④齿轮有严重损伤，或齿轮啮合间隙过大，应更换齿轮或调整啮合间隙。

⑤润滑不良，因油不足，应改善润滑条件，使润滑油充足。

⑥主轴与主轴电动机的连接带过紧，应移动电动机座调整连接带使松紧度合适。

⑦连接主轴与电动机的联轴器故障。

⑧主轴负荷太大。

（6）主轴加／减速时工作不正常。可能的原因有减速极限电路调整不良；电流反馈回路不良；加／减速回路时间常数设定和负载惯量不匹配；驱动器再生制动电路故障；传动带连接不良。

（7）外界干扰。可能的原因有屏蔽或接地措施不良，主轴转速指令信号或反馈信号受到干扰，使主轴驱动出现随机和无规律性的波动。判断干扰的方法是当主轴转速指令为零时，主轴仍往复摆动，调整零速平衡和漂移补偿也不能消除故障。

（8）主轴速度指令无效。可能的原因有CNC模拟量输出(D/A)转换电路故障；CNC速度输出模拟量与驱动器连接不良或断线；主轴转向控制信号极性与主轴转向输入信号极性不一致；主轴驱动器参数设定不当。

（9）主轴不能进行变速。可能的原因有CNC参数设置不当或编程错误造成主轴转速控制信号输出为某一固定值；D/A转换电路故障；主轴驱动器速度模拟量输入电路故障。

（10）主轴只能单向运行或主轴转向不正确。可能的原因有主轴转速控制信号输出错误；主轴驱动器速度模拟量输入电路故障。

（11）主轴定位点不稳定或主轴不能定位。主轴准停用于刀具交换，精镗进、退刀及齿轮换挡等场合，有三种实现方式：

①机械准停控制。由带V型槽的定位盘和定位用的液压缸配合动作。

②磁传感器的电气准停控制。磁发生器安装在主轴后端，磁传感器安装在主轴箱上，其安装位置决定了主轴的准停点，磁发生器和磁传感器之间的间隙为（1.5±0.5）mm。

③编码器性的准停控制。通过主轴电动机内置安装或在机床主轴上直接安装一个光电编码器来实现准停控制，准停角度可任意设定。

上述准停均要经过减速的过程，如减速或增速等参数设置不当，均可引起定位抖动。另外，机械准停控制中定位液压缸活塞移动的限位开关失灵，电气准停控制中发磁体和磁传感器之间的间隙发生变化或磁传感器失灵均可引起定位抖动。

项目小结

本项目通过对数控主轴驱动系统故障实例的分析讲解，使同学们了解了主轴驱动的结构，各组成部分的作用以及主轴驱动装置的类型等知识。并着重以华中系统主轴驱动为例，讲明了如何对主轴系统故障进行诊断与排除。

思考训练

1. 简述主轴驱动系统的功能。

2. 数控铣床主轴驱动常用的方法有哪些?

3. 什么是电主轴? 它有什么特点?

4. 简述电主轴系统的结构及组成。

5. 华中HNC-21数控主轴驱动系统主轴控制接口是哪个? 其中有哪些相关的输入/输出开关量?

项目四

数控铣床进给传动系统模块

🔷 学习目标

知识目标：

1. 了解数控铣床进给运动的基本结构及组成、工作原理。
2. 掌握数控铣床进给要求。
3. 了解数控铣床进给传动系统常见的故障形式。

技能目标：

1. 能读懂数控铣床的进给运动装配图纸。
2. 能理解并分析进给运动各零件功能作用。
3. 能检查调整各种零部件的配合间隙。
4. 能根据进给系统出现的故障进行诊断与维护。
5. 能够对进给系统进行拆卸和再装配。

🔷 项目分析

如图4-1所示是数控铣床进给传动机械部分的零件。齿轮传动可以将高转速低转矩的伺服电动机（如步进电动机、直流和交流伺服电动机等）的输出改变为低转速大转矩的执行件的输入；使滚珠丝杠和工作台的转动惯量在系统中占有较小的比重；还可以保证铣床所要求的运动精度。滚珠丝杠螺母副传动能减少运动间的摩擦和消除传动间隙，提高进给系统的灵敏度、定位精度和防止爬行。

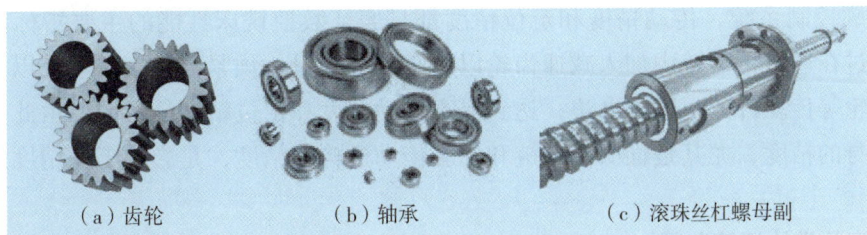

（a）齿轮　　　　　（b）轴承　　　　　（c）滚珠丝杠螺母副

图4-1　数控铣床机械零件

数控铣床机械部分还有哪些零件，分别在进给机构的什么部位，起什么作用？

任务一
数控铣床进给传动系统的组成

数控铣床进给传动系统是数控铣床的重要组成部分，它将电动机的旋转运动传递给工作台或刀架以实现进给运动的整个机械传动链，包括齿轮传动副、丝杠螺母副及其支撑部件等。

数控铣床机械进给传动装置，是指驱动源（即电动机）的旋转运动变为工作台或刀架直线运动的整个机械传动链，包括齿轮传动副、滚珠丝杆螺母副、减速装置和蜗杆蜗轮等中间传动机构以及导轨等。

数控铣床的进给运动采用无级调速的伺服驱动方式，伺服电动机的动力和运动只需经过由最多一两级齿轮或带轮传动副和滚珠丝杠螺母副或齿轮齿条副或蜗杆蜗条副组成的传动系统，传递给工作台等运动执行部件。传动系统的齿轮副或带轮副的作用主要是通过降速来匹配进给系统的惯量和获得要求的输出机械特性。

一、数控铣床对进给传动系统的要求

为确保数控铣床进给系统的传动精度和工作平稳性等，在设计机械传动装置时，提出如下要求。

1. 高的传动精度与定位精度

数控铣床进给传动装置的传动精度和定位精度对零件的加工精度起着关键性的作用，对采用步进电动机驱动的开环控制系统尤其如此。无论对点位、直线控制系统，还是轮廓控制系统，传动精度和定位精度都是表征数控铣床性能的主要指标。设计中，通过在进给传动链中加入减速齿轮以减小脉冲当量，预紧传动滚珠丝杠以消除齿轮、蜗轮等传动件的间隙等办法，达到提高传动精度和定位精度的目的。由此可见，机床本身的精度，尤其是伺服传动链和伺服传动机构的精度，是影响工作精度的主要因素。

2. 宽的进给调速范围

伺服进给系统在承担全部工作负载的条件下，应具有很宽的调速范围，以适应各种工件材料、尺寸和刀具等变化的需要，工作进给速度范围可达3~6000mm/min。为了完成精密定位，伺服系统的低速趋近速度达0.1mm/min；为了缩短辅助时间，提高加工效率，快速移动速度应高达15m/min。在多坐标联动的数控铣床上，合成速度维持常数，是保证表面粗糙度要求的重要条件；为保证较高的轮廓精度，各坐标方向的运动速度也要配合适当；这是对数控系统和伺服进给系统提出的共同要求。

3. 响应速度要快

所谓快速响应特性是指进给系统对指令输入信号的响应速度及瞬态过程结束的迅速程度，即跟踪指令信号的响应要快；定位速度和轮廓切削进给速度要满足要求；工作台应能在规定的速度范围内灵敏而精确地跟踪指令，进行单步或连续移动，在运行时不出现丢步或多步现象。进给系统响应速度的大小不仅影响机床的加工效率，而且影响加工精度。设计中应使机床工作台及其传动机构的刚度、间隙、摩擦以及转动惯量尽可能达到最佳值，以提高进给系统的快速响应特性。

4. 无间隙传动

进给系统的传动间隙一般指反向间隙，即反向死区误差，它存在于整个传动链的各传动副中，直接影响数控铣床的加工精度，因此，应尽量消除传动间隙，减小反向死区误差。设计中可采用消除间隙的联轴节及有消除间隙措施的传动副等方法。

5. 稳定性好、寿命长

稳定性是伺服进给系统能够正常工作的最基本条件，特别是在低速进给情况下不产生爬行，并能适应外加负载的变化而不发生共振。稳定性与系统的惯性、刚性、阻尼及增益等都有关系，适当选择各项参数，并能达到最佳的工作性能，是伺服系统设计的目标。所谓进给系统的寿命，主要指其保持数控铣床传动精度和定位精度的时间长短及各传动部件保持其原来制造精度的能力。设计中各传动部件应选择合适的材料及合理的加工工艺与热处理方法，对于滚珠丝杠和传动齿轮，必须具有一定的耐磨性和适宜的润滑方式，以延长其寿命。

6. 使用维护方便

数控铣床属高精度自动控制机床，主要用于单件、中小批量、高精度及复杂件的生产加工，机床的开机率相应较高，因此，进给系统的结构设计应便于维护和保养，最大限度地减小维修工作量，以提高机床的利用率。

二、滚珠丝杠螺母副

滚珠丝杠螺母副是回转运动与直线运动相互转换的新型传动装置。如图4-2所示是滚珠丝杠螺母副的原理图。在丝杠和螺母上加工有弧形螺旋槽，当它们套装在一起时形成了螺旋滚道，并在滚道内装满滚珠。当丝杠相对于螺母旋转时，两者发生轴向位移，而滚珠则沿着滚道滚动，螺母螺旋槽的两端用回珠管连接起来，使滚珠能作周而复始的循环运动，管道的两端还起着挡珠的作用，以防滚珠沿滚道掉出。

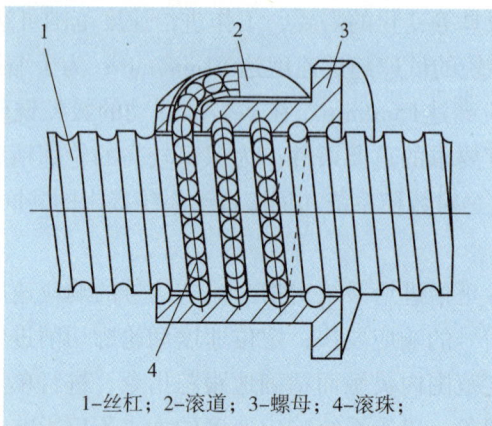

1-丝杠；2-滚道；3-螺母；4-滚珠；

图4-2 滚珠丝杠螺母副的原理图

1. 滚珠丝杠传动优点

（1）传动效率高，摩擦损失小。滚珠丝杆螺母副的传动效率 $\eta = 0.92 \sim 0.96$，可实现高速运动。

（2）运动平稳无爬行。由于摩擦阻力小，动、静摩擦系数之差极小，故运动平稳，不易出现爬行现象。

（3）传动精度高，反向时无空程。滚珠丝杆副经预紧后，可消除轴向间隙。

（4）磨损小、精度保持性好，使用寿命长。

2. 滚珠丝杠传动缺点

（1）不能自锁，具有运动的可逆性。可以将旋转运动转换成直线运动，也可将直线运动转换成旋转运动，即丝杆和螺母均可作主动件或从动件。由于不能自锁，因此必须增加制动装置。

（2）制造成本高。由于结构复杂，丝杆和螺母等元件的加工精度和表面质量要求高，故制造成本高。

根据滚珠丝杠的特点，除了大型数控铣床因移动距离大而采用齿条或蜗条外，各类中、小型数控铣床的直线运动进给系统普遍采用滚珠丝杠。

3. 滚珠丝杠副常用的循环方式

（1）外循环。滚珠在循环反向过程中，与丝杠滚道脱离接触的称为外循环；外循环是滚珠在循环过程结束后通过螺母外表的螺旋槽或插管返回丝杠螺母间重新进入循环。

（2）内循环。在整个循环过程中，滚珠始终与丝杠各表面保持接触的称为内循环。内循环均采用反向器实现滚珠循环，它靠螺母上安装的反向器接通相邻两滚道，形成一个闭合的循环回路，使滚珠成单圈循环。反向器的数目与滚珠圈数相等，一般有 2～4 个，且沿圆周等分分布。这种类型的结构紧凑，刚度好，滚珠流通性好，摩擦损失小效率高；适用于高灵敏、高精度的进给系统，不宜用于重载传动，且制造较困难。

4. 滚珠丝杠副轴向间隙的调整

为了保证滚珠丝杠反向传动精度和轴向刚度，必须消除滚珠丝杆螺母副轴向间隙。消除间隙的方法常采用双螺母结构，利用两个螺母的相对轴向位移，使每个螺母中的滚珠分别接触丝杆滚道的左右两侧。用这种方法预紧消除轴向间隙时，预紧力一般应为最大轴向负载的1/3。当要求不太高时，预紧力可小于此值。

（1）双螺母垫片式消隙。此种形式结构简单可靠、刚度好，应用最为广泛，在双螺母间加垫片的形式可由专业生产厂根据用户要求事先调整好预紧力，使用时装卸非常方便。结构简单、刚性好，调整不便，滚道有磨损时不能随时消除间隙和进行预紧。如图4-3所示是双螺母垫片消隙式结构，其螺母本身与单螺母相同，它通过修磨垫片的厚度来调整轴向间隙。这种调整方法具有结构简单，刚性好，拆装方便等优点，但它很难在一次修磨中调整完毕，调整的精度也不如齿差调隙式好。

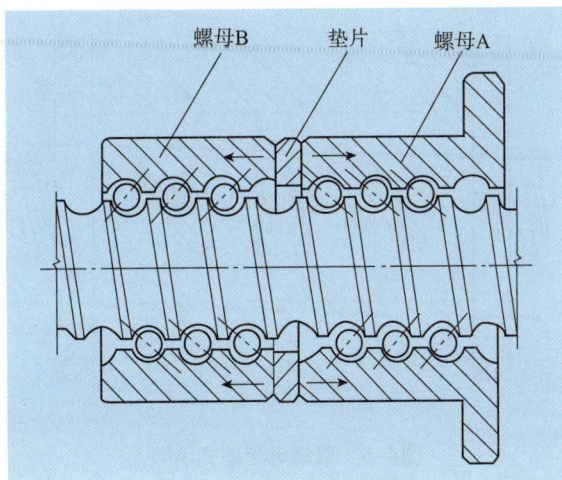

图4-3　双螺母垫片式消隙

（2）双螺母螺纹消隙。利用一个螺母上的外螺纹，通过圆螺母调整两个螺母的相对轴向位置实现预紧，调整好后用另一个圆螺母锁紧，这种结构调整方便，且可在使用过程中，随时调整，但预紧力大小不能准确控制，调整精度较差，如图4-4所示。

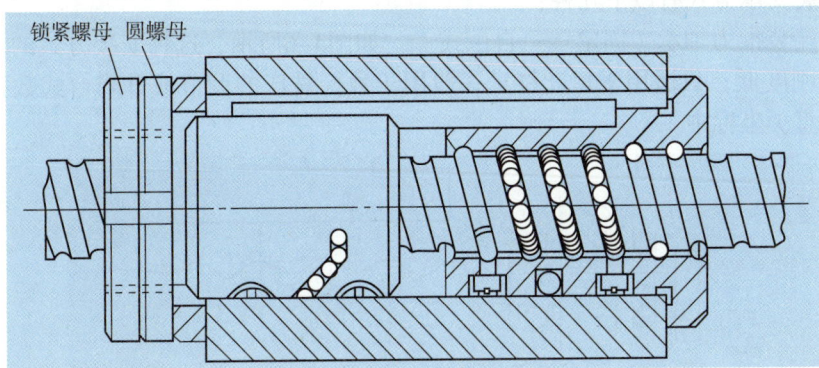

图4-4　双螺母螺纹消隙

（3）双螺母齿差式消隙。双螺母齿差调隙式结构，是在两个螺母的凸缘上各制有圆柱外齿轮，分别与固紧在套筒两端的内齿圈相啮合，其齿数分别为Z_1、Z_2，并相差一个齿。调整时，先取下内齿圈，让两个螺母相对于套筒同方向都转动一个齿，然后再插入内齿圈，则两个螺母便产生相对角位移，其轴向位移量为

$$S=\left(\frac{1}{Z_1}-\frac{1}{Z_1}\right)P_h$$

式中：P_h为滚珠丝杆的导程；Z_1、Z_2为齿轮的齿数。

虽然齿差调隙式的结构较为复杂，但调整方便，并可以通过简单的计算获得精确的调整量，它是目前应用较广的一种结构，如图4-5所示。

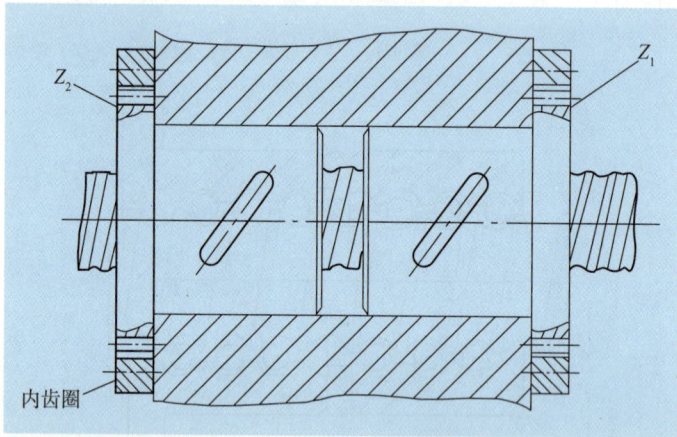

图4-5 双螺母齿差式消隙

5. 滚珠丝杠螺母副的支承与制动

（1）滚珠丝杠螺母副的支承方式。数控铣床的进给系统要获得较高的传动刚度，除了加强滚珠丝杠螺母副本身的刚度外，滚珠丝杠的正确安装及支承结构的刚度也是不可忽视的因素。滚珠丝杠常用推力轴承支座，以提高轴向刚度，滚珠丝杠在数控铣床上的安装支承方式有以下几种：

①一端装推力轴承（固定——自由式）。如图4-6所示，这种安装方式的承载能力小，轴向刚度低，只适用于短丝杠，一般用于数控铣床的调节或升降台式数控铣床的立向（垂直）坐标中。

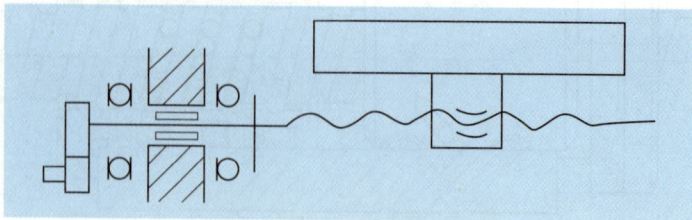

图4-6 固定——自由式

②一端装推力轴承，另一端装深沟球轴承（固定——支承式）。如图4-7所示，这种方式可用于丝杠较长的情况。一端装止推轴承固定，另一端由深沟球轴承支承。为了减少丝杆热变形的影响，应将推力轴承远离液压马达等热源及丝杠上的常用段，以减少丝杠热变形的影响。

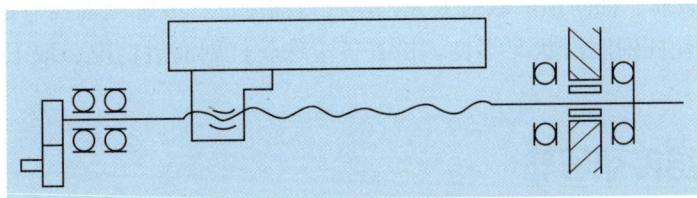

图4-7 固定——支承式

③两端装推力轴承（单推——单推式或双推——单推式）。如图4-8所示，这种方式是对丝杠进行预拉伸安装。这样做可以减少丝杠因自重引起的弯曲变形；在推力轴承预紧力大于丝杠最大轴向载荷1/3的条件下，丝杠的轴向刚度可提高四倍；丝杠不会因温升而伸长，从而保持丝杠精度。把推力轴承装在滚珠丝杠的两端，并施加预紧拉力，这样有助于提高刚度，但这种安装方式对丝杠的热变形较为敏感，轴承的寿命较两端装推力轴承及向心球轴承方式低。

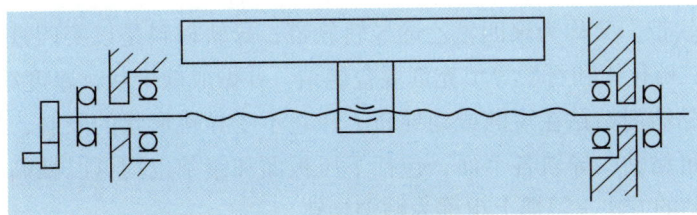

图4-8 单推——单推式或双推——单推式

④两端装推力轴承及深沟球轴承（固定——固定式）。如图4-9所示，为使丝杠具有最大的刚度，它的两端可用双重支承，即推力轴承加深沟球轴承，并施加预紧拉力。这种结构方式不能精确地预先测定预紧力，预紧力的大小是由丝杠的温度变形转化而产生的。故设计时要求提高推力轴承的承载能力和支架刚度。这种结构方式可使丝杆的热变形转化为止推轴承的预紧力。

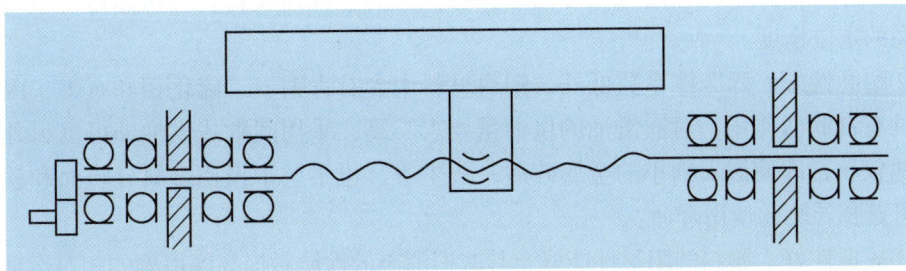

图4-9 固定——固定式

6.滚珠丝杠常见故障及处理

（1）滚珠丝杠副有噪声。滚珠丝杠副产生噪声的可能原因是电动机与丝杠联轴器松动，丝杠支承轴承的压盖压合情况不好。

（2）滚珠丝杠运动不灵活。主要原因是丝杠与导轨不平行，丝杠润滑不良，滚珠丝杠副滚珠有破损，轴向预加载荷太大，丝杠弯曲变形，或螺母轴线与导轨不平行。

（3）滚珠丝杠副润滑状况不良。检查各滚珠丝杠副润滑情况，取下罩套，涂上润滑脂。

三、进给传动导轨

导轨是伺服进给系统的重要环节之一，它对数控铣床的刚度、精度与精度保持性等有着重要影响，现代数控铣床的导轨，对导向精度、精度保持性、摩擦特性、运动平稳性和灵敏度都有更高的要求，在材料和结构上起了"质"的变化，已不同于普通机床的导轨。

1.塑料滑动导轨

为了进一步降低普通滑动导轨的摩擦系数，防止低速爬行，提高定位精度，为此在数控铣床上普遍采用塑料作为滑动导轨的材料，使原来铸铁—铸铁的滑动变为铸铁—塑料或钢—塑料的滑动。

（1）塑料软带。又称为聚四氟乙烯导轨软带，导轨材料是以聚四氟乙烯为基体，加入青铜粉、二硫化钼和石墨等填充剂混合烧结，并做成软带状，厚度约1.2mm。塑料软带用特殊的黏结剂粘贴在短的或动导轨上，它不受导轨形状的限制，各种组合形状的滑动导轨均可粘贴，导轨各个面，包括下压板面和镶条也均可以粘贴。由于这类导轨软带采用粘贴的方法，习惯上也称为贴塑导轨。

（2）塑料涂层。以环氧树脂为基体，加入铁粉、二硫化钼、胶体石墨、增塑剂，混合成液膏状为一组份，与固化剂为另一组份而组成的双组份塑料涂层。由于这类涂层导轨采用涂刮或注入膏状塑料的方法，习惯上也称为涂塑导轨或注塑导轨。

（3）塑料导轨的特点：

①摩擦特性好。实验表明，铸铁—淬火钢或铸铁—铸铁导轨副的动、静摩擦系数相差较大，而金属—聚四氟乙烯导轨软带（Turcite-B、TSF）的动、静摩擦系数基本不变，而且摩擦系数很低。这种良好的摩擦特性能防止低速爬行，使机床运行平稳，以获得高的定位精度。

②耐磨性好。除摩擦系数低外，塑料材料中含有青铜、二硫化钼和石墨，因此其本身具有自润滑作用，对润滑油的供油量要求不高，采用间歇式供油即可。另外，塑料质地较软，即使嵌入细小的金属碎屑、灰尘等，也不至于损伤金属导轨面和软带本身，可延长导轨的使用寿命。

③减振性好。塑料的阻尼性能好，其减振消声的性能对提高摩擦副的相对运动速度有很大的意义。

④工艺性好。可降低对塑料结合的金属基体的硬度和表面质量，而且塑料易于加工（铣、刨、磨、刮），使导轨副接触面获得良好的表面质量。

除此之外，塑料导轨还以其良好的经济性、结构简单、成本低，目前在数控铣床上得到广泛地使用。

2.滚动导轨

滚动导轨是在导轨工作面之间安装滚动体（滚珠、滚柱和滚针），与滚珠丝杠的工作原理类似，使两导轨面之间形成的摩擦为滚动摩擦。动、静摩擦系数相差极小，几乎不受运动速度变化的影响，如图4-10所示为滚动导轨结构示意图。

直线滚动导轨是目前最流行的一种新形式。直线滚动导轨主要由导轨体、滑块、滚珠、保持器、端盖等组成。生产厂把滚动导轨的预紧力调整适当，成组安装，所以这

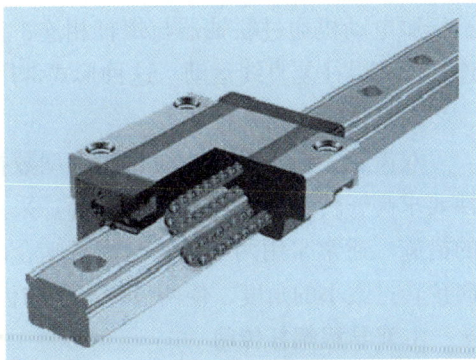

图4-10　滚动导轨

种导轨又称为单元式直线滚动导轨。使用时，导轨固定在不运动部件上，滑块固定在运动部件上。当滑块沿导轨体移动时，滚珠在导轨和滑块之间的圆弧直槽内滚动，并通过端盖内的滚道，从工作负荷区到非工作负荷区，然后再滚动到工作负荷区，不断循环，从而把导轨体和滑块之间的移动变成了滚珠的滚动。为防止灰尘和脏物进入导轨滚道，滑块两端及下部均装有塑料密封垫，滑块还有润滑油注油杯。滚动导轨的最大优点是摩擦系数小，比塑料导轨还小；运动轻便灵活，灵敏度高；低速运动平稳性好，不会产生爬行现象，定位精度高；耐磨性好，磨损小，精度保持性好；润滑系统简单。为此滚动导轨在数控铣床上得到普遍地应用。但是，滚动导轨的抗震性较差，结构复杂，对脏物较敏感，必须要有良好的防护措施。

3.静压导轨

静压导轨是在两个相对运动的导轨面间通入压力油，使运动件浮起。工作过程中，导轨面上油腔中的油压能随着外加负载的变化自动调节，以平衡外负荷，保证导轨面始终处于纯液体摩擦状态。

静压导轨的摩擦系数极小（约为0.0005），功率消耗少，由于系统液体摩擦，故导轨不会磨损，因而导轨的精度保持性好，寿命长。油膜厚度几乎不受速度的影响，油膜承载能力大、刚性好、吸振性良好，导轨运行平稳，既无爬行，也不产生振动。但静压导轨结构复杂，并需要有一个具有良好过滤效果的液压装置，制造成本较高。目前，静压导轨较多地应用在大型、重型数控铣床上。

四、其他进给传动机构

数控铣床进给传动机构除了滚珠丝杠、滚珠丝杠螺母、进给传动导轨外，还有其他一些传动部件，这里只做简单介绍。

1.静压蜗杆—蜗条传动

蜗杆—蜗条机构是丝杠螺母机构的一种特殊形式，蜗杆可看作长度很短的丝杠，蜗条则可看作一个很长的螺母沿轴向剖开后的一部分。

液体静压蜗杆—蜗条机构是在蜗杆—蜗条的啮合齿面间注入压力油，以形成一定厚度的油膜，使两啮合面形成液体摩擦，特别适宜重型数控铣床的进给传动系统。进给伺服电动机通过联轴器与蜗杆相连，产生旋转运动。蜗条与运动部件（工作台）相连，以获得往复直线运动。这种形式常用于龙门式铣床的工作台进给驱动。

2.双齿轮—齿条传动

双齿轮—齿条是行程较长的大型数控铣床上常用的进给传动形式。适用于传动刚性要求高，传动精度不太高的场合。采用齿轮—齿条传动时，必须采取消除齿侧间隙的措施。通常采用两个齿轮与齿条啮合的方法，专用的预加载机构使两齿轮以相反方向预转过微小的角度，使两齿轮分别与齿条的两侧齿面贴紧，从而消除间隙。

3.双导程蜗杆传动

为了扩大工艺范围，提高生产效率，数控铣床除了直线进给运动之外，还有圆周进给运动。可由回转工作台来实现，其进给传动一般采用蜗轮—蜗杆传动。用于这种传动的蜗轮—蜗杆除应有较高的制造精度和装配精度外，还要采取一定的措施来消除蜗轮—蜗杆副的传动间隙，通常的方法是双导程蜗杆传动。它的啮合原理与普通蜗杆—蜗轮传动无本质的差别，区别在于蜗杆的左右齿面具有不同的节距（导程），而同侧齿面的节距（导程）是相等的，各齿中间点节距 L_0（导程）也是相等的。如左侧齿面的节距为 $L_1=L_0-\Delta L$ 时，而右侧齿面的节距为 $L_r=L_0+\Delta L$，比左侧都大了 $2\Delta L$ 的数值，这就会造成蜗杆的齿面从左到右逐渐变厚。与之啮合的蜗杆则和普通蜗轮一样，当蜗杆沿轴向向左移动时，啮合间隙逐渐减小直至消除。

任务二
进给传动系统常见故障诊断及维护

一、常见故障

影响机床正常运行和加工质量的主要因素有导轨副间隙和滚动导轨副的预紧力，导轨的直线度和平行度以及导轨的润滑和防护。滚珠丝杠副故障大部分由于使用年限过高，润滑效果明显下降，使滚珠及丝杆磨损造成运动质量下降、反向间隙过大、机械爬行、加工精度下降、噪音增大。滚珠丝杠和导轨常见故障、故障原因及维修方法见表4-1和表4-2。

表4-1　滚珠丝杆常见故障

故障现象	故障原因	维修方法
滚珠丝杠副噪声	丝杠支承轴承的压盖压合情况不好	调整轴承压盖，使其压紧轴承端面
	丝杠支承轴承可能破裂	如轴承破损，更换新轴承
	电动机与丝杠联轴器松动	拧紧联轴器，锁紧螺钉
	丝杠润滑不良	改善润滑条件，使润滑油量充足
	滚珠丝杠副滚珠有破损	更换新滚珠
滚珠丝杠运动不灵活	轴向预加载荷过大	调整轴向间隙和预加载荷
	丝杠与导轨不平行	调整丝杠支座位置，使丝杠与导轨平行
	螺母轴线与导轨不平行	调整螺母座位置
	丝杠弯曲变形	调整丝杠
滚珠丝杠润滑状况不良	检查各丝杠副润滑	用润滑脂润滑丝杠，需移动工作台，取下罩套，涂上润滑脂

表4-2　导轨常见故障

故障现象	故障原因	维修方法
导轨的移动部件运动不良或不能移动	导轨面研伤	用180#砂布修磨机床与导轨面上的研伤
	导轨压板研伤	卸下压板，调整压板与导轨间隙
	导轨镶条与导轨间隙太小，调得太紧	松开镶条防松螺钉，调整镶条螺栓，使运动部件运动灵活，保证0.03mm的塞尺不得塞入，然后锁紧防松螺钉
导轨研伤	机床经长时间使用，地基与床身水平度有变化，使导轨局部单位面积负荷过大	定期进行床身导轨的水平度调整，或修复导轨精度
	长期加工短工件或承受过分集中的负荷，使导轨局部磨损严重	注意合理分布短工件的安装位置，避免负荷过分集中
	导轨润滑不良	调整导轨润滑油量，保证润滑油压力
	导轨材质不佳	采用电镀加热自冷淬火，对导轨进行处理，导轨上增加锌铝铜合金板，以改善摩擦情况
	刮研质量不符合要求	提高刮研修复的质量
	机床维护不良，导轨里落入脏物	加强机床保养，保护好导轨防护装置
加工面在接刀处不平	导轨直线度超差	调整或修刮导轨，允差为0.015/500mm
	工作台镶条松动或镶条弯度太大	调整镶条间隙，镶条弯度在自然状态下全长小于0.05mm
	机床水平度差，使导轨发生弯曲	调整机床安装水平度，保证平行度、垂直度在0.02/1000mm之内

二、进给传动系统的维护

进给传动机构的机械部分主要有：滚珠丝杠、机床导轨、齿轮、涡轮蜗杆等。这里主要介绍滚珠丝杠和机床导轨的维护与保养。

1. 滚珠丝杠的维护与保养

滚珠丝杠螺母副和其他滚动摩擦的传动零件一样，只要避免磨料微粒及化学活性物质进入，就可以认为这些元件几乎是在不产生磨损的情况下工作的。但如在滚道上落入了脏物，或使用肮脏的润滑油，不仅会妨碍滚珠的正常运动，而且使磨损急剧增加。对于制造误差和预紧变形量以微米计的滚珠丝杠传动副来说，这种磨损就特别敏感。因此在日常检查中有效地防护、密封和保持润滑油的清洁就显得十分必要。

对于滚珠丝杠螺母的密封，就是要注意检查密封圈和防护套，以防止灰尘和杂质进入滚珠丝杠螺母副。通常采用毛毡圈对螺母进行密封，毛毡圈厚度为螺距的2~3倍，而且内孔做成螺纹的形状，使之紧密地包住丝杠，并装入螺母或套筒两端的槽孔内。密封圈除了采用柔软的毛毡外，还可以采用耐油橡皮或尼龙材料。由于密封圈和丝杠直接接触，因此防尘效果较好，但也增加了滚珠丝杠副的摩擦阻力。为了避免这种摩擦阻力，可以采用由硬质塑料制成的非接触式迷宫密封圈，内孔做成与丝杠螺纹滚道相反的形状，并留有一定间隙。

对于暴露在外面的丝杠，一般采用螺旋钢带、伸缩套筒、锥形套管以及折叠式塑料或人造革等形式的防护罩，以防止尘埃和磨粒黏附到丝杠表面。

对于滚珠丝杆螺母的润滑，如果采用油脂，则定期润滑；如果使用润滑油时则要注意经常通过注油孔注油。

2. 铣床导轨的维护与保养

铣床导轨的维护与保养主要是导轨的润滑和导轨的防护。

（1）导轨的润滑。导轨润滑的目的是减少摩擦阻力和磨损，以避免低速爬行和降低高温时的温升，因此导轨的润滑很重要。滑动导轨采用润滑油润滑，而滚动导轨可采用润滑油或润滑脂润滑。导轨的润滑一般采用自动给油润滑，因此，在操作使用中要注意检查自动润滑系统中的分流阀，如果该分流阀发生故障则会造成导轨不能自动润滑。

此外，必须做到每天检查导轨润滑油箱油量，如果油量不够，则应及时添加润滑油，同时注意检查润滑油泵是否能够定时启动和停止，并且定时启动时是否能够提供润滑油。

（2）导轨的防护。在操作使用中要注意防止切屑、磨粒或者切削液散落在导轨上，否则会引起导轨的磨损加剧、擦伤和锈蚀。为此，要注意导轨防护装置的日常检查，以保证导轨的防护。

◉ 项目小结

本项目通过对数控铣床进给传动系统常见机械故障的分析讲解，介绍了数控进给传动的组成，以及各组成部件的作用，并详细讲解了进给系统的故障诊断方法及维护措施。

◉ 思考训练

1. 数控铣床进给传动由哪些部分组成？

2. 滚动螺母副有几种消除间隙的方法？

3. 滚珠丝杠常见故障及处理方法有哪些？

4. 导轨常见故障及处理方法有哪些？

5. 进给导轨有几种？各有什么特点？

项目五

数控铣床进给伺服系统模块

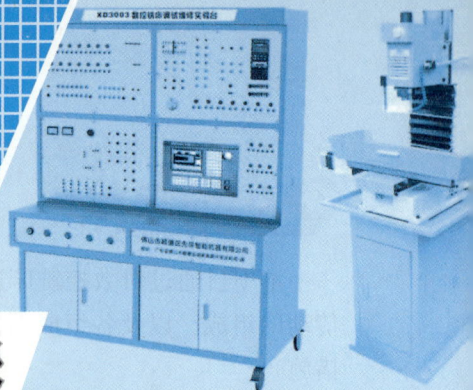

学习目标

知识目标：

1. 了解数控铣床进给伺服系统的分类。
2. 了解数控铣床进给伺服系统的特点。
3. 掌握伺服参数初始化的步骤。
4. 了解数控铣床进给伺服系统常见的故障形式。

技能目标：

1. 能理解并分析伺服进给运动控制原理。
2. 能根据伺服系统出现的故障进行诊断与维护。
3. 能进行数控机床一般功能的调整。

项目分析

　　伺服系统是数控铣床的重要组成部分，用来实现数控铣床的进给和主轴伺服控制。伺服系统是通过功率放大，以接受来自数控装置的指令信息，通过整形变换成直线位移或机器执行部件的角位移运动。伺服系统是数控铣床的最后一个环节，它的性能将直接影响数控铣床等技术指标的速度和准确性，因此，数控铣床的伺服驱动器，要求具有良好的快速反应能力，准确、灵敏地跟踪NC装置的数字指令信号。

任务一

数控铣床伺服系统组成

一、进给伺服系统概述

数控铣床的进给伺服系统是以数控铣床的各坐标为控制对象，以精确地跟随某个移动部件的位置和速度为控制量的自动反馈控制系统，又称位置随动系统、进给伺服机构或进给伺服单元。这类系统控制电动机的转矩、转速和转角，将电能转换为机械能，实现移动部件的运动要求。在数控铣床中，进给伺服系统是数控装置和机床本体的联系环节，它接收数控系统发出的位移、速度指令，经变换、放大后，由电动机经机械传动机构驱动机床的工作台或溜板沿某一坐标轴运动，通过轴的联动使刀具相对工件产生各种复杂的机械运动，从而加工出符合用户要求的工件。

进给伺服系统是数控系统主要的子系统。如果说CNC装置是数控系统的"大脑"，是发布"命令"的"指挥所"，那么伺服进给系统则是数控系统的"四肢"，是"执行机构"。

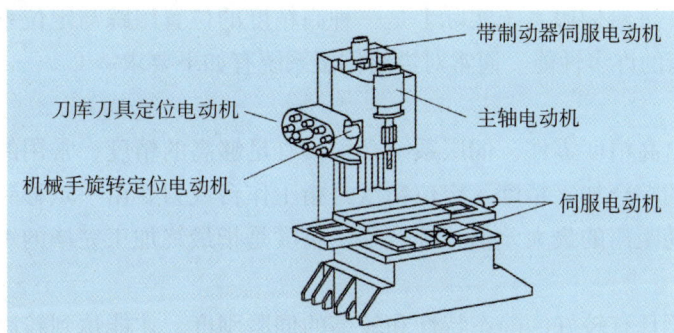

图5-1　加工中心的伺服电动机

作为数控铣床的执行机构，进给伺服系统将电力电子器件、控制、驱动及保护等集为一体，并随着数字脉宽调制技术、特种电动机材料技术、微电子技术及现代控制技术的进步，经历了步进、直流、交流电动机的发展历程。在一定意义上，进给伺服系统的静、动态性能，决定了数控铣床的精度、稳定性、可靠性和加工效率。

进给伺服系统忠实地执行由CNC装置发来的运动命令，精确控制执行部件的运动方向、进给速度与位移量。以加工中心为例（见图5-1），在进给机构、主轴机构和换刀机构上都需要配置伺服电动机。各伺服电动机的主要任务是按控制命令的要求，对功率进行放大、变换与调控等处理，使各自机构输出的力矩、速度和位置满足设定的要求，控制非常灵活方便。

数控铣床的位置控制过程如图5-2所示，安装在工作台上的位置检测元件将机械位移变成位置数字量，并由位置反馈电路输入到微机内部，该位置反馈量与输入微机的指令位置进行比较，如果不一致，微机发送差值信号，经驱动电路将差值信号进行变换、放大后驱动电动机，经减速装置带动工作台移动。当比较后的差值信号为零时，电动机停止转动，此时，工作台移到指令所指定的位置。

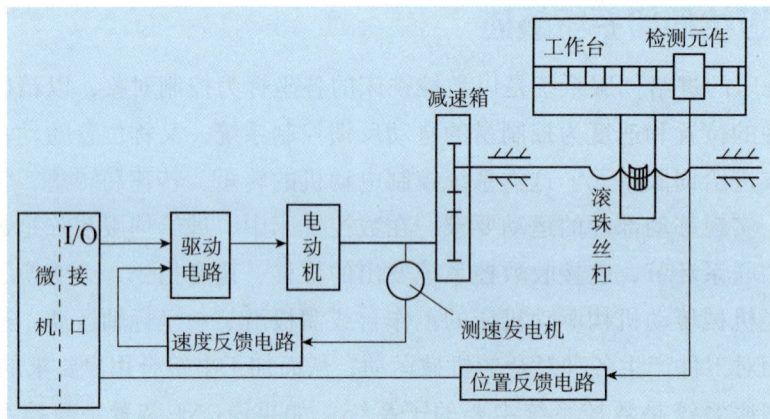

图5-2　伺服系统结构原理图

数控系统所发出的控制指令，通过进给伺服系统驱动机械执行部件，最终实现确定的进给运动。进给伺服系统实际上是一种高精度的位置跟踪与定位系统，它的性能决定了数控铣床的许多性能。通常对进给伺服系统有如下要求。

1. 精度高

为了加工出高精度零件，伺服系统必须具有足够高的精度，常用的精度指标是定位精度和零件的综合加工精度。定位精度是指工作台或刀架由一点移到另一点时，指令值与实际移动距离的最大差值；综合加工精度是指最终加工完毕的工件尺寸与所要求尺寸的误差。

伺服系统要具有较好的静态特性和较高的伺服刚度，才能达到较高的定位精度，以保证机床具有较小的定位误差与重复定位误差；同时伺服系统还要具有较好的动态性能，以保证机床具有较高的轮廓跟随精度。影响伺服系统工作精度的参数很多，关系也很复杂，但是伺服传动机构和伺服执行机构的精度是影响伺服系统工作精度的主要因素。

2. 快速响应且无超调

快速响应是衡量伺服系统动态性能的一项重要性能指标，它反映了系统的跟踪精度。为了保证轮廓切削精度和低的加工表面粗糙度，对进给伺服系统除要求有较高的定位精度外，还要求有良好的快速响应特性，即要求跟踪指令信号的响应要快。伺服系统处于频繁的启动、制动、加速等动态过程中，要求加速度足够大，以便于缩短过渡过程的时间，一般电动机的速度从零变到最高转速，或从最高转速降至零的时间小于200 ms，且速度不应超调；当负载突变时，过渡过程恢复时间要短且无振荡。一般说来，系统增益大，时间常数小，响应快，但是加大系统增益将增大超调量，延长调节时间，使过渡过程性能指数下降，甚至造成系统不稳定；若减小系统增益，又会增加稳态误差。这就要求伺服系统要能快速响应，但又不能超调，否则将形成过切，影响加工质量。所以选择适当的系统增益，以便获得合理的响应速度。同时，当负载突变时，要求速度的恢复时间也要短，且不能有振荡，这样才能得到光滑的加工表面。

3. 调速范围宽

调速范围是指电动机能提供的最高转速和最低转速之比。数控加工过程中，为保证在任何情况下都能得到最佳切削条件，就要求伺服系统具有足够宽的调速范围和优异的调速特性。经过机械传动后，电动机转速的变化范围即可转化为进给速度的变化范围。对一般数控铣床而言，进给速度范围在0～24m/min时，即可满足加工要求。具体技术要求如下：

（1）在1～24 000mm/min调速范围内，要求均匀、稳定、无爬行且速降小。

（2）在1mm/min以下时，具有一定的瞬时速度，但瞬时速度要低。

（3）在零速时，即工作台停止运动时，要求电动机有电磁转矩以维持定位精度，使定位误差不超过系统的允许范围，即电动机处于伺服锁定状态。

4. 稳定性

进给系统的稳定性是指当作用在系统上的扰动信号消失后，系统能够恢复到原来的稳定状态，或者在输入的指令信号作用下，系统能够达到新的稳定状态的能力。稳定性是伺服系统能否正常工作的前提，特别要求数控铣床在低速进给情况下不产生爬行现象，不会因负载变化而产生共振。它是系统本身的一种特性，取决于系统的结构及组成组件的参数，与外界作用信号（包括指令信号和扰动信号）的性质或形式无关，它直接影响着数控加工的精度和表面粗糙度。因此，进给伺服系统要求有较强的抗干扰能力，保证进给速度均匀、平稳。

5. 低速大扭矩

根据机床的加工特点，经常在低速时进行重切削，即在低速时进给驱动要有大的转矩输出，这就要求动力源尽量靠近机床的执行机构，从而可缩短进给驱动的传动链，使传动装置的机械部分结构简化，增加系统的刚性，从而也使传动装置的动态质量和中间传动的运动精度得到提高。

二、进给伺服系统的组成

进给伺服系统的任务就是要完成各坐标轴的位置控制。数控系统根据输入的程序指令及数据，经插补运算后得到位置控制指令，同时，位置检测装置将实际位置监测信号反馈回数控系统，构成全闭环或半闭环的位置控制。经位置比较后，数控系统输出速度控制指令至各坐标轴的驱动装置，经速度控制单元驱动伺服电动机滚珠丝杠传动实现进给运动。伺服电动机上的反馈装置将转速信号反馈回系统与速度控制指令比较，构成速度反馈控制。因此，进给伺服系统实际上是外环为位置环，内环为速度环的控制系统。对进给伺服系统的维护及故障诊断主要在位置环和速度环上。组成这两个环的具体装置有用于位置检测的光栅、光电编码器、感应同步器、旋转变压器和磁栅等和用于转速检测的测速发电动机或光电编码器等。

进给伺服系统是以运动部件的位置和速度作为控制量的自动控制系统，它是一个很典型的机电一体化系统，一般由驱动控制单元、驱动单元、机械传动部件、执行机构和检测反馈环节等组成。驱动控制单元和驱动单元组成伺服驱动系统，机械传动部件和执行机构组成机械传动系统，检测元件和反馈电路组成检测装置，也称检测系统。

伺服系统组成可用如图5-3所示的框图表示。

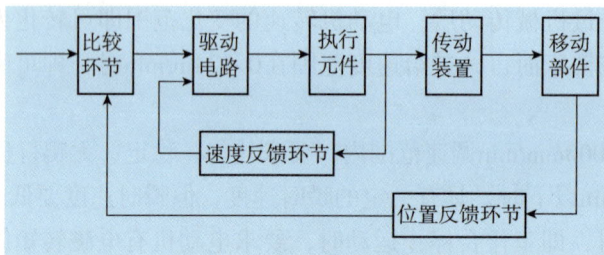

图5-3　伺服系统组成框图

1. 比较环节

比较环节的主要设备是微型计算机。它能接收输入的加工程序和反馈信号，经系统软件运行处理后，由输出口输出指令信号。

2. 驱动电路

驱动电路接收微机发出的指令，并将输入信号转换成电压信号，经过功率放大后，驱动电动机旋转，转速的大小由指令控制。若要实现恒速控制功能，驱动电路应能接收速度反馈信号，将反馈信号与微机的输入信号进行比较，将差值信号作为控制信号，使电动机保持恒速转动。

3. 执行元件

伺服电动机（Servo Motor）是指在伺服系统中控制机械元件运转的电动机，是一种补助马达间接变速装置。伺服电动机可以将电压信号转化为转矩和转速以驱动控制对象。伺服电动机转子转速受输入信号控制，并能快速反应，在自动控制系统中，用作执行元件，具有机电时间常数小、线性度高、始动电压等特性，可将所收到的电信号转换成电动机轴上的角位移或角速度进行输出。其主要特点是，当信号电压为零时无自转现象，转速随着转矩的增加而匀速下降。伺服电动机可以是直流电动机、交流电动机，也可以是步进电动机，采用步进电动机的通常是开环控制。

4. 传动装置

将电动机的动力传递给工作机构的中间装置是传动装置。数控铣床伺服机械传动是传递转矩和转速，并使伺服电动机与负载之间得到转矩与转速的合理匹配。包括减速箱、滚珠丝杠、导轨等。

5. 位置检测元件及反馈电路

位置检测元件有直线感应同步器、光栅和磁尺等。位置检测元件检测的位移信号由反馈电路转变成计算机能识别的反馈信号送入计算机，由计算机进行数据比较后送出差值信号。

位置检测装置主要用于闭环和半闭环系统，检测装置通过直接或间接测量检测出执行部件的实际的位移量，然后反馈到数控装置，并与指令位移进行比较，如果有差值，就发出运动控制信号，控制数控铣床移动部件向消除该差值的方向移动。不断比较指令信号与反馈信号，然后进行控制，直到差值为0，运动停止。

6. 测速发电机及速度反馈电路

测速发电机实际是小型发电机，发电机两端的电压值和发电机的转速成正比，故可将转速的变化量转变成电压的变化量。

7. 控制单元

控制单元（Control Unit）负责程序的流程管理。正如工厂的物流分配部门，控制单元是整个CPU的指挥控制中心，由指令寄存器IR（Instruction Register）、指令译码器ID（Instruction Decoder）和操作控制器OC（Operation Controller）三个部件组成，对协调整个电脑有序工作极为重要。

它根据用户预先编好的程序，依次从存储器中取出各条指令，放在指令寄存器IR中，通过指令译码（分析）确定应该进行什么操作，然后通过操作控制器OC，按确定的时序，向相应的部件发出微操作控制信号。操作控制器OC中主要包括节拍脉冲发生器、控制矩阵、时钟脉冲发生器、复位电路和启停电路等控制逻辑。

除微型计算机外，其余部分称为进给伺服驱动系统。

任务二
数控铣床进给伺服系统分类

一、数控进给伺服系统的分类

伺服系统是以机床移动部件的位置为控制量的自动控制系统。它根据数控装置输出的指令电脉冲信号，使机床移动部件做相应的移动，并对定位的精度和速度加以控制。

数控铣床进给伺服系统的分类方法有多种。按用途和功能分为进给驱动系统和主轴驱动系统；按控制原理分为开环伺服系统、闭环伺服系统和半闭环伺服系统；按使用的执行元件可分为电液伺服系统和电气伺服系统；按使用的电动机可分为直流伺服系统和交流伺服系统；按反馈比较控制方式分类可分为脉冲数字比较伺服系统、相位比较伺服系统、幅值比较伺服系统以及全数字伺服系统；从系统中所包含的元件特性和信号作用特点来看，有模拟式伺服系统和数字式伺服系统。

1. 按用途和功能分类

（1）进给驱动系统。用于数控铣床工作台坐标或刀架坐标的控制系统，控制机床各坐标轴的切削进给运动，并提供切削过程所需的力矩。主要影响因素包括力矩大小、调速范围大小、调节精度高低、动态响应的快速性。进给驱动系统一般包括速度控制环和位置控制环。

（2）主轴驱动系统。用于控制机床主轴的旋转运动，为机床主轴提供驱动功率和所需的切削力。主要影响因素包括是否有足够的功率、较宽的恒功率调节范围及速度调节范围。它是一个速度控制系统。

2. 按控制原理分类

（1）开环数控系统。无位置反馈测量装置的控制方式就称为开环控制，采用开环控制作为进给驱动的系统，则称开环数控系统。一般使用步进电动机（包括电液脉冲马达）作为伺服执行元件，所以也叫步进驱动系统。在开环控制系统中，数控装置输出的脉冲，经过步进驱动器的环形分配器或脉冲分配软件的处理，在驱动电路中进行功率放大后控制步进电动机的角位移。步进电动机再经过减速装置（一般为同步带或直接连接）带动丝杠旋转，通过丝杠将角位移转换为移动部件的直线位移。因此，控制步进电动机的转角与转速，就可以间接控制移动部件的直线位移量。

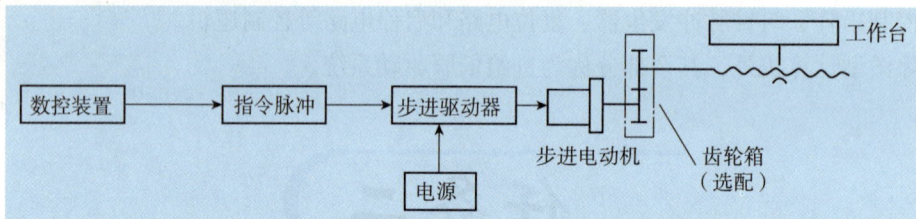

图5-4 开环控制伺服驱动系统的结构框图

如图5-4所示，采用开环控制系统的数控铣床结构简单，制造成本较低，但是由于系统对移动部件的实际位移量不进行检测，因此无法通过反馈自动进行误差检测和校正。另外，步进电动机的步距角误差、齿轮与丝杠等部件的传动误差，最终都将影响被加工零件的精度。特别是在负载转矩超过输出转矩时，会出现"丢步"现象，使加工出错。因此，开环控制仅适用于加工精度要求不高，负载较轻且变化不大的简易、经济型数控铣床上。

（2）半闭环数控系统。半闭环位置检测方式一般将位置检测元件安装在电动机的轴上（通常已由电动机生产厂家安装好），用以精确控制电动机的角度，然后通过滚珠丝杠等传动机构，将角度转换成工作台的直线位移。如果滚珠丝杠的精度足够高，间隙小，精度要求一般可以得到满足。而且传动链上有规律的误差（如间隙及螺距误差）可以由数控装置加以补偿，因而可进一步提高精度，因此在精度要求适中的中、小型数控铣床上半闭环控制得到了广泛的应用。

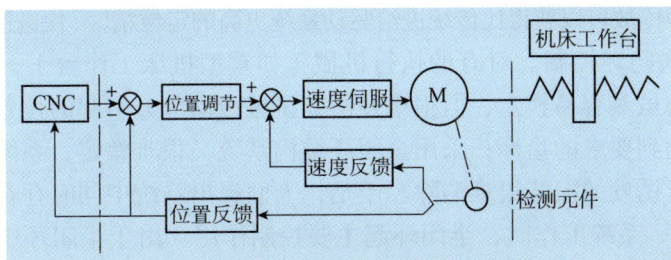

图5-5　半闭环数控系统进给控制框图

如图5-5所示，半闭环方式的优点是它的闭环环路短（不包括传动机械），因而系统容易达到较高的位置增益，不发生振荡现象。它的快速性也好，动态精度高，传动机构的非线性因素对系统的影响小。但如果传动机构的误差过大或误差不稳定，则数控系统难以补偿。例如，由传动机构的扭曲变形所引起的弹性变形，因其与负载力矩有关，故无法补偿。由制造与安装所引起的重复定位误差，以及由于环境温度与丝杠温度的变化所引起的丝杠螺距误差也不能补偿。因此要进一步提高精度，只有采用全闭环控制方式。

（3）全闭环数控系统。全闭环方式直接从机床的移动部件上获取位置的实际移动值，因此其检测精度不受机械传动精度的影响。但不能认为全闭环方式可以降低对传动机构的要求。因闭环环路包括了机械传动机构，它的闭环动态特性不仅与传动部件的刚性、惯性有关，而且还取决于阻尼、油的黏度、滑动面摩擦系数等因素。这些因素对动态特性的影响在不同条件下还会发生变化，给位置闭环控制的调整和稳定带来了困难，对跟随误差与轮廓加工误差产生了不利影响。所以采用全闭环方式时必须增大机床的刚性，改善滑动面的摩擦特性，减小传动间隙，这样才有可能提高位置增益。全闭环方式广泛应用在精度要求较高的大型数控铣床上。如图5-6所示为全闭环数控系统进给控制框图。

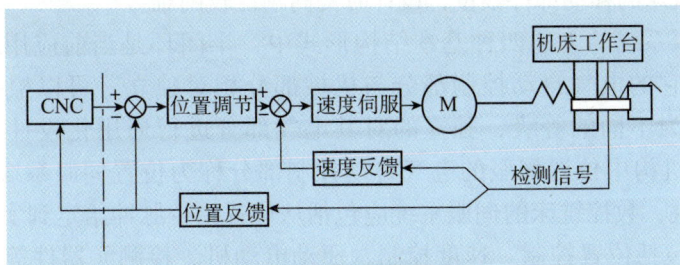

图5-6　全闭环数控系统进给控制框图

由于全闭环控制系统的工作特点，它对机械结构以及传动系统的要求比半闭环更高，传动系统的刚度、间隙、导轨的爬行等各种非线性因素将直接影响系统的稳定性，严重时甚至产生振荡。

解决以上问题的最佳途径是采用直线电动机作为驱动系统的执行器件。采用直线电动机驱动，可以完全取消传动系统中将旋转运动变为直线运动的环节，大大简化了机械传动系统的结构，实现了"零传动"，从根本上消除了传动环节对精度、刚度、快速性、稳定性的影响，故可以获得比传统进给驱动系统更高的定位精度、快进速度和加速度。

（4）混合式闭环控制。对有的执行机械（如重型机床工作台），位置伺服系统采用半闭环结构虽然容易整定，但很难补偿其机械传动部分引起的位置误差，使位置控制精度不能达到要求的指标；采用全闭环结构系统又很难整定，系统闭环后因环内多种非线性因素诱发的振荡很难消除。于是，人们提出系统中同时存在半闭环和全闭环（见图5-7）。系统工作时，半闭环起主要控制作用。由于半闭环中电气自动控制部分与执行机械相对独立，可以采用较高的位置增益，使系统易整定、响应快、跟踪误差小；而全闭环只用于稳态误差补偿，位置增益可选得较低以保证系统的稳定性。两者相结合可最后获得较高的位置控制精度和跟踪速度。但由于系统中同时存在两个闭环，使系统的控制复杂程度大大增加，它们之间的配合、增益调整等都必须仔细整定，位置伺服系统也因此不再具有通用性。

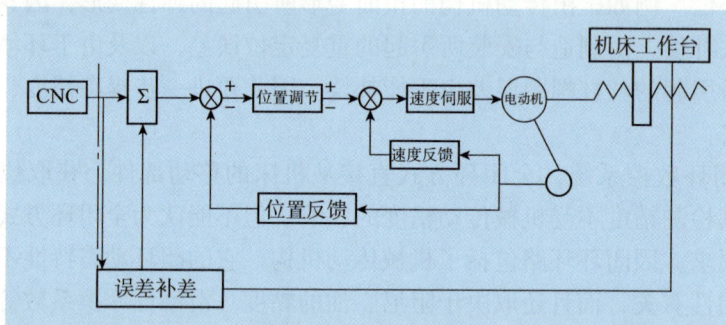

图5-7　混合闭环控制

混合闭环方式采用半闭环与全闭环结合的方式。它利用半闭环所能达到的高位置增益，从而获得了较高的速度与良好的动态特性；它又利用全闭环补偿半闭环无法修正的传动误差，从而提高了系统的精度。混合闭环方式适用于重型、超重型数控铣床，因为这些机床的移动部件很重，设计时提高刚性较困难。

在位置伺服系统的上述四种基本结构形式中，半闭环是当前应用最为广泛的结构。并且由于它的电气自动控制部分与机械部分相对独立，可以根据机械惯量和负载情况划分为不同的等级，独立的对其电气部分进行通用化设计。因此，人们通常把半闭环机构中位置伺服的电气自动控制部分称为位置伺服系统。

从原理上说，数控铣床的伺服系统应包括从位置指令脉冲给定到实际位置输出的全部环节，即包括位置控制、速度控制、驱动电动机、检测元器件等部分。但在很多系统中，为了制造方便，通常将伺服系统的位置控制部分与CNC装置制成一体，所以，人们习惯上所说的机床伺服进给系统，一般是指伺服进给系统的速度控制单元、伺服电动机、检测元器件部分，而不包括位置控制部分。

3.按使用的执行元件分类

（1）电液伺服系统。驱动装置是电液脉冲马达和电液伺服马达。在低速下可以得到很高的输出力矩，刚性好、时间常数小、反应快、速度平稳。但液压系统需要有供油系统，会造成体积大、有噪声、漏油等不足。

（2）电气伺服系统。驱动装置是伺服电动机，包括步进电动机、直流电动机或交流电动机等。操作维护方便，可靠性高。

4. 按使用电动机分为类

（1）直流伺服系统。进给运动系统采用大惯量宽调速永磁直流伺服电动机和中小惯量直流伺服电动机；主运动系统采用他励直流伺服电动机。调速性能好，有电刷，速度不高。

（2）交流伺服系统。进给运动采用交流感应异步伺服电动机和永磁同步伺服电动机。结构简单、不需维护，适合在恶劣环境下工作其动态响应好、转速高和容量大。

六、伺服参数初始化

实现数控系统与机床结构和机床各种功能的匹配，使数控铣床的性能达到最佳是伺服参数的最主要作用。伺服参数初始化就是将系统的参数按设定条件恢复到系统出厂时的标准设定。当数控系统的伺服驱动更换，或因为更换电池等原因，使伺服参数出现错误时，必须对伺服系统进行初始化处理与重新调整。下面以FANUC 0i为例，介绍伺服参数初始化。

1. 伺服初始化参数设定

（1）分离型检测装置是否有效的参数。FANUC 0i系统参数为1815#1（OPTx），如果采用分离型检测装置作为位置检测装置，则把该位参数设定为"1"，否则为"0"。

（2）绝对位置检测是否使用参数。FANUC 0i系统参数为1815#5（APCx），如果采用绝对编码器作为位置检测装置，则把该位参数设定为"1"，否则为"0"。

2. 伺服参数初始化操作

FANUC 0i系列的功能键如表5-1所示，其初始化操作设定界面如图5-8所示。

表5-1　FANUC 0i功能键说明

功能键	说明
POS	坐标按键：位置显示画面
PRDG	程序按键：程序画面
MESSAGE	参数信息按键：信息画面
OFS SET	补偿按键：偏置设定画面
SYSTEM	系统按键：系统画面
GRAPH	校验按键：图形画面

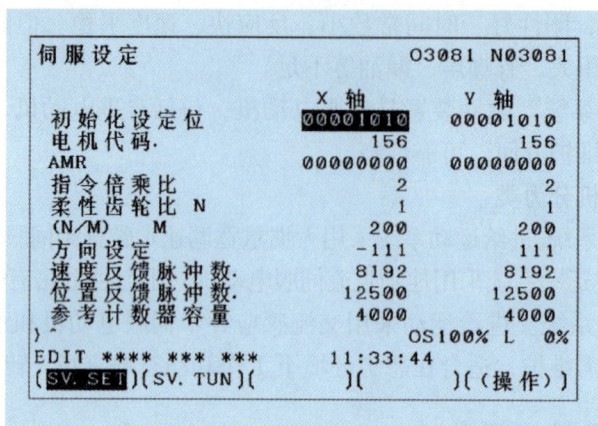

图5-8 初始化操作界面

（1）初始化设定位：

#7	#6	#5	#4	#3	#2	#1	#0
				PRMCAL		DGPRM	PLC01

#0（PLC01）:设定为"0"时，检测单位为1μm，FANUC 0i MATE TC系统使用参数2023（速度脉冲数）、2024（位置脉冲数）。设定为"1"时，检测单位为0.1μm，相应的系统参数为把上面系统参数的值乘10倍。

#1（DGPRM）:设定为"0"时，系统进行数字伺服参数初始化的设定，当伺服参数初始化后，该位自动变为"1"。

#3（PRMCAL）:进行伺服初始化设定时，该位自动变成"1"。根据编码器的脉冲数自动计算下列参数值：PRM2043（PK1V）、PRM2044（PK2V）、PRM2047（POA1）、PRM2053（PPMAX）、PRM2054（PDDP）、PRM2056（EMFCMP）、PRM2057（PVPA）、PRM2059（EMFBAS）、PRM2074（AALPH）、PRM2076（WKAC）。

（2）设定电动机ID号：

FANUC 0i系统参数"2020"，用于设定为各轴的电动机的类型号，常用电动机的类型号见表5-2。

表5-2 FANUC 系统常用的伺服电动机的ID代码

ID代码	伺服电动机	ID代码	伺服电动机
7	αC3/2000	33	B 3/3000
8	αC6/2000	34	p6/2000
9	αC12/2000	36	B 2/3000
10	αC22/1500	176	β 22/2000is
15	α3/2000	177	α 8/3000i
16	α6/2000	191	α C12/2000i

续表

ID代码	伺服电动机	ID代码	伺服电动机
20	α 22/2000	201	α C30/1500i
22	α 22/3000	203	α 30/3000i
28	α 30/1200	207	α 40/3000i
30	α 40/2000	218	A 30/4000is
17	α 6/3000	193	α 12/3000i
18	α 12/2000	196	α C22/2000i
19	α 12/3000	197	α 22/3000i

（3）设定伺服系统的AMR电枢倍增比。

FANUC 0i系统参数为"2001"，α系列和αi系列伺服电动机设定为"00000000"，与电动机类型无关。

（4）设定伺服系统的CMR指令倍乘比。

FANUC 0i系统参数为"1820"，用于设定各轴最小指令增量与检测单位的指令倍乘比。

① 指令倍乘比为1/2～1/27时，设定值=（1/指令倍乘比）+100，有效数据范围为102～107。

② 指令倍乘比为1～48时，设定值=2×指令倍乘比，有效数据范围为2～96。

（5）设定柔性齿轮比N/M：

FANUC 0i系统参数为"2084""2085"。对不同的丝杠螺距或机床传动有减速齿轮时，为了使位置反馈脉冲数与指令脉冲数相同而设定进给齿轮比N/M，由于通过系统参数可以修改，所以又称柔性进给齿轮比。

半闭环伺服系统

$$\frac{N}{M} = \frac{电动机1转所需的位置反馈脉脉冲数}{1\,000\,000}$$

全闭环伺服系统

$$\frac{N}{M} = \frac{电动机1转所需的位置反馈脉冲数}{电动机1转分离型检测装置反馈的脉冲数}$$

例如，设定半闭环α脉冲编码器

$$\frac{F.FG分子（\leqslant 32\,767）}{F.FG分母（\leqslant 32\,767）} = \frac{电动机每转所需的位置反馈脉冲}{1\,000\,000}$$

注意：①对分子和分母，最大设定值（约分后）是32 767；②对柔性齿轮比，αi脉冲编码器假定电动机每转有1 000 000个脉冲；③如果计算电动机转数时使用了π值，比如使用齿轮和齿条，假定π值近似为355/113。

（6）设定电动机旋转方向：

FANUC 0i系统参数为"2022"，"111"表示为正方向（从脉冲编码器端看沿顺时针方向旋转）；"-111"表示为负方向（从脉冲编码器一侧看沿逆时针方向旋转）。

（7）设定位置脉冲数：

FANUC 0i系统参数为"2024"，在半闭环控制系统中，设定为"12 500"，全闭环系统中，按电动机一转来自分离型检测装置的位置反馈脉冲数设定。

（8）设定速度脉冲数：

FANUC 0i系统参数为"2023"，速度反馈脉冲数设定为"8192"。

（9）设定参考计数器容量：

FANUC 0i系统参数为"1821"。参考计数器的设定主要用于在栅格方式下返回参考点的控制，根据参考计数器的容量使电动机转1转。因此，参考计数器设定错误后，会导致每次回零的位置会不一致，即回零点不准。设定为电动机1转所需的位置反馈脉冲数或按该数能被整数整除的分数，也可理解为返回参考点的栅格间隔，公式为

$$\frac{\text{参考计数器容量} - \text{栅格间隔}}{\text{栅格间隔} - \text{脉冲编码器} - \text{转的移动量}}$$

七、交流式电动机

交流伺服电动机可依据电动机运行原理的不同，分为感应式（或称异步）交流伺服电动机、永磁式同步电动机和磁阻同步交流伺服电动机。这些电动机具有相同的三相绕组的定子结构。

1. 感应式交流伺服电动机

其转子电流由滑差电势产生，并与磁场相互作用产生转矩。其主要优点是无刷、结构坚固、造价低、免维护、对环境要求低，其主磁通由激磁电流产生，很容易实现弱磁控制，高转速可以达到4~5倍的额定转速；缺点是需要激磁电流，内功率因数低，效率较低，转子散热困难，要求较大的伺服驱动器容量，电动机的电磁关系复杂，实现电动机的磁通与转矩的控制比较困难，电动机非线性参数的变化会影响控制精度，必须进行参数在线辨识才能达到较好的控制效果。

2. 永磁同步交流伺服电动机

气隙磁场由稀土永磁体产生，转矩控制由调节电枢的电流实现，转矩的控制较感应电动机简单，并且能达到较高的控制精度；转子无铜、铁损耗，效率高、内功率因数高，也具有无刷免维护的特点，体积和惯量小，快速性好；在控制上需要轴位置传感器，以便识别气隙磁场的位置；价格较感应电动机贵。

3. 磁阻同步交流伺服电动机

转子磁路具有不对称的磁阻特性，无永磁体或绕组，不产生损耗；其气隙磁场由定子电流的激磁分量产生，定子电流的转矩分量则产生电磁转矩；内功率因数较低，要求较大的伺服驱动器容量，具有无刷、免维护的特点；克服了永磁同步电动机弱磁控

制效果差的缺点，可实现弱磁控制，速度控制范围可达到0.1～10000r/min；兼有永磁同步电动机控制简单的优点，但需要轴位置传感器，价格较永磁同步电动机便宜，但体积较大些。

目前市场上的交流伺服电动机产品主要是永磁同步伺服电动机及无刷直流伺服电动机。

八、步进电动机

步进电动机流行于20世纪70年代，是将电脉冲信号转变为角位移或将数字脉冲转化成一个步距角增量的电磁执行元件。在非超载的情况下，电动机的转速、停止的位置只取决于脉冲信号的频率和脉冲数，而不受负载变化的影响，当步进驱动器接收到一个脉冲信号，它就驱动步进电动机按设定的方向转动一个固定的角度，称为"步距角"，它的旋转是以固定的角度一步一步运行的。可以通过控制脉冲个数来控制角位移量，从而达到准确定位的目的，同时可以通过控制脉冲频率来控制电动机转动的速度和加速度，从而达到调速的目的。

该系统结构简单、控制容易、维修方便，且控制为全数字化；具有较好的定位精度，无漂移、无积累定位误差，能跟踪一定频率范围的脉冲列，可作同步电动机使用。随着计算机技术的发展，除功率驱动电路之外，其他部分均可由软件实现，从而进一步简化结构。

步进电动机是一种同步电动机，其结构同其他电动机一样，由定子和转子组成，定子为激磁场，其激磁磁场为脉冲式，即磁场以一定频率步进式旋转，转子则随磁场一步一步转动。

1. 步进电动机的分类

步进电动机的分类方式有多种，按照电动机结构分为反应式、永磁式及混合式步进电动机；按电流的极性可分为单极性和双极性步进电动机；按控制绕组数量上可分为二相、三相、四相、五相等步进电动机；按运动方式上可分为直线运动、平面运动步进电动机。

（1）按照电动机结构分类：

①反应式步进电动机（Variable Reluctivity Type，VR）。又称磁阻式步进电动机，其定子与转子由铁心构成，没有永久磁铁，定子上嵌有线圈。转子在定子与转子磁阻最小位置上转动，并由此而得名可变磁阻型。该电动机的转子结构简单、转子直径小，有利于高速响应。由于定子与转子均不含永久磁铁，故无励磁时没有保持力。VR型电动机具有效率低、转子的阻尼差、噪声大等缺点；制造材料费用低、结构简单、步距角小；控制绕组一般为三相，可实现大转矩输出，步距角一般为1.5°，噪声和振动都很大。

②永磁式步进电动机（Permanent Magnet Type，PM）。转子采用永久磁铁，定子

采用软磁钢制成，绕组轮流通电，建立的磁场与永久磁铁的恒定磁场相互吸引与排斥产生转矩。该电动机由于采用了永久磁铁，即使定子绕组断电也能保持一定转矩，故具有记忆能力，可用作定位驱动。PM型电动机的特点是励磁功率小、效率高、造价便宜，因此应用广泛。由于转子磁铁的磁化间距受到限制，难于制造，故步距角较大。永磁式电动机一般为两相，转矩和体积较小，步距角一般为7.5°或15°。

③混合式步进电动机（Hybrid Type，HB）。转子导磁体上嵌有永久磁铁，可以说是永磁式和反应式相结合的一种形式，故称为混合式步进电动机。它具有步距角小、响应快、运行频率高、不通电时有定位转矩等优点。可分为两相和五相，两相步距角一般为1.8°，五相步距角一般为0.72°，这种步进电动机的应用最为广泛。

（2）按电流的极性分类：

①单极性步进电动机。每个绕组中电流仅沿一个方向流动，它也被称为两线步进电动机，因为它只含有两个线圈。两个线圈的极性相反，卷绕在同一铁芯上，具有同一个中间抽头。

②双极性步进电动机。每个绕组都可以双方向通电，因此每个绕组既是N极又是S极。它又被称为单绕组步进电动机，因为每极只有单一的绕组；还被称为两相步进电动机，因为具有两个分离的线圈。

2. 步进电动机的主要参数

不同类型的步进电动机有不同的工作原理，驱动装置也不一样。步进电动机主要参数有步距角、静态矩角特性、启动频率、连续运行频率、加减速特性等。

（1）步距角。步进电动机的步距角是指步进电动机定子绕组的通电状态每改变一次，转子转过的角度。它是决定步进伺服系统脉冲当量的重要参数，步距角越小，数控铣床的控制精度越高。

（2）静态矩角特性。矩角特性是步进电动机的一个重要特性，它是指步进电动机产生的静态转矩与失调角的变化规律。该特性上电磁转矩的最大值称为最大静转矩。在静态稳定区内，当外加转矩除去时，转子在电磁转矩作用下仍能回到稳定平衡点位置。

（3）启动频率。空载时，步进电动机由静止突然启动，并进入不丢步的正常运行所允许的最高频率，称为启动频率或突跳频率。若启动时频率大于突跳频率，步进电动机就不能正常启动。空载启动时，步进电动机定子绕组通电状态变化的频率不能高于该突跳频率。步进电动机在带负载（尤其是惯性负载）下的启动频率比空载要低，而且随着负载加大，启动频率会进一步降低。

（4）连续运行频率。步进电动机连续运行时，其运行速度能跟踪指令脉冲频率连续上升而不丢步的最高工作频率，称为连续运行频率。它是决定定子绕组通电状态最高变化频率的参数，它决定了步进电动机的最高转速。连续运行频率远大于启动频率，且随着电动机所带负载的性质、大小而异，与驱动电源有较大关系。

（5）加减速特性。步进电动机的加减速特性是描述步进电动机由静止到工作频率和由工作频率到静止的加减速过程中，定子绕组通电状态的变化频率与时间的关系。当要求步进电动机启动到大于突跳频率的工作频率时，变化速度必须逐渐上升；同样，从最高工作频率或高于突跳频率的工作频率停止时，变化速度必须逐渐下降。逐渐上升和下降的加速时间、减速时间不能过小，否则会出现失步或超步。我们用加速时间常数T_a和减速时间常数T_d来描述步进电动机的升速和降速特性，如图5-9所示。

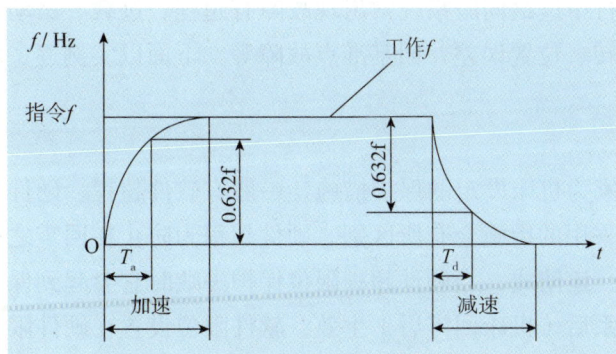

图5-9　加减速特性

步进电动机的角位移输出与输入的脉冲数相对应，每转一周都有固定步数，在不丢步的情况下运行，步距误差不会长期积累，同时在负载能力范围内，转速仅与脉冲频率高低有关，不受电源电压波动或负载变化的影响，也不受环境条件如温度、气压、冲击和振动等影响，因而可用于结构简单而精度高的开环控制系统。有的步进电动机在停机后某相绕组保持通电状态，即具有自锁能力，能够迅速停止，不需外加机械制动装置，此外，步距角可以在很大的范围内调整，例如，从几分到几十度，适合不同传动装置的要求，且在小步距角的情况下，可以不经减速器而获得低速运行，当采用了速度和位置检测装置后也可用于闭环、半闭环伺服系统中。

任务三
进给伺服系统常见故障诊断及维护

一、进给伺服驱动系统常见的报警及处理

当进给伺服系统出现故障时，通常有三种表现方式：一是在CRT或操作面板上显示报警内容和报警信息，它是利用软件的诊断程序来实现的。二是利用进给伺服驱动单元上的硬件（如：报警灯或数码管指示，保险丝熔断等）显示报警驱动单元的故障

信息；三是进给运动不正常，但无任何报警信息。

机床操作及维修人员可以根据报警信息以及该机床进给伺服系统的工作原理查找原因，排除故障。其中前两种表现形式，都可根据生产厂家或公司提供的产品《维修说明书》中有关"各种报警信息产生的可能原因"的提示进行分析判断，一般都能确诊故障原因、部位。对于第三种表现形式，则需要进行综合分析，这类故障往往是以铣床工作不正常的形式出现的，如铣床失控、铣床振动及工件加工质量太差等。

在数控铣床运行中进给伺服系统常出现故障有超程、过载、窜动、爬行、漂移振动、伺服电动机不转、位置误差、回基准点故障等。下面以实例逐一叙述这些故障的成因及排除方法。

1. 超程

超程是机床厂家为机床设定的保护措施，一般有软件超程、硬件超程和急停保护三种，不同机床所采用的措施会有所区别。硬件超程为防止在回零之前手动误操作而设置，急停是最后一道防线，当硬件超程限位保护失败时它会起到保护作用，软件限位在建立机床坐标系后（机床回零后）生效，软件限位设置在硬件限位之内。超程的具体恢复方法，不同的系统有所区别，可根据机床的说明书排除。

【例1】一台配套FANUC OMC系统，型号为XH754的数控铣床，X轴回零时产生超程报警"OVER TRAYEL–X"。

故障分析与处理：检查发现X轴报警时离行程极限相差甚远，而显示器显示的X坐标超过了X轴范围，故确认是软限位超程报警。检查参数"0704"正常，可进行断电，然后按住P键同时接通NC电源，在系统对软限位不做检查的情况下完成回零；亦可将"0704"改为"–99 999 999"后回零，若没问题，再将其改回原值即可；还可按P键和CAN键开机以消除报警。

2. 过载

通常当进给运动的负载过大，频繁正、反向运动以及传动链润滑不良或斜铁有研伤，电动机动力线接地、电动机温度检测开关不良等原因时，均会引起伺服电动机电流大，电动机温度过高或电动机过载报警。对于带有制动器的伺服电动机可能是制动器线圈断线使制动器未松开、制动器摩擦片间隙调整不当而造成制动器不释放从而导致电动机过载报警。一般会在数控系统的显示器上显示伺服电动机过载、过热或过流等报警信息。

【例2】某配套FANUC OM系统的数控立式加工中心，在加工中经常出现过载报警，报警号为"434"，表现形式为Z轴电动机电流过大，电动机发热，停止40 min左右报警消失，接着再工作一阵，又出现同类报警。

故障分析与处理：经检查电气伺服系统无故障，估计是负载过重带不动造成。为了区分电气故障还是机械故障，将Z轴电动机拆下与机械脱开，再运行时该故障不再出现，由此确认为机械丝杠或运动部位过紧造成的。调整Z轴丝杠放松螺母后，效果不明显，后又调整Z轴导轨镶条，机床负载明显减轻，该故障消除。

3. 窜动

在进给时出现窜动现象，即在切削过程中，进给速度应均匀时，突然出现加速现象。产生的原因可能有：测速信号不稳定，如测速装置、测速反馈信号干扰等；速度控制信号不稳定或受到干扰；如接线端子接触不良，如螺丝松动等。当窜动发生在由正向运动向反向运动转换的瞬间时，一般是由进给传动链的反向间隙或伺服系统增益过大所致。排除方法是逐一检查上述可能故障点，找到故障确定原因加以排除即可。

4. 爬行

发生在启动加速段或低速进给时，虽然进给电动机和丝杆是匀速旋转的，工作台却有可能是一快一慢或一跳一停地运动，这种现象叫做"爬行"现象。一般是由于进给传动链的润滑状态不良、伺服系统增益过低以及外加负载过大等因素所致。尤其要注意的是，伺服电动机和滚珠丝杠连接用的联轴器，若连接松动或联轴器本身有缺陷，如裂纹等，造成滚珠丝杠转动和伺服电动机的转动不同步，从而使进给运动忽快忽慢，产生爬行现象。

【例3】某配套GSK980M系统的数控磨床，在进行多次维修和长时间不用后，发现Y轴在运动过程中有明显的爬行。

故障分析与处理： 经检查，发现当手轮移动X轴0.1 mm时，工作台连续移动0.7 mm左右后再以另一种速度缓慢移动0.1 mm，因此可能是由于移动速度太快或工作台阻力太大引起的故障。调整机床导轨镶条并减小工作台移动速度，故障排除。在多次运行后发现每次工作台慢速移动的距离都差不多，因此打开参数页面，发现"029"号参数（Y轴直线加减速时间常数）为600，而对于步进电动机来说一般设定为450。修改后再试，故障排除。

5. 漂移

当指令值为零时，坐标轴仍移动，从而造成位置误差。通过漂移补偿和驱动单元上的零速调整来消除。

【例4】一台配套FANUC 6ME的加工中心，在长时间使用后，只要工作台移动到行程的中间段，X轴即出现缓慢的正、反向摆动。

故障分析与处理： 由于机床在其他位置时工作均正常，因此，系统参数、伺服驱动器和机械部分应无问题。考虑到机床已经过长期使用，机床与伺服驱动系统之间的配合可能会发生部分改变，一旦匹配不良，可能引起伺服系统的局部振动。根据FANUC伺服驱动系统的调整与设定说明，维修时通过改变X轴伺服单元上的S6和S7（补偿电路设定）、S11和S13（电流调节器增益设定）等设定端的设定消除了机床的漂移。

6. 振动

机床以高速运行时，可能产生振动，这时就会出现过流报警。机床振动问题一般属于速度问题，维修时，应首先从速度环进行查找；而机床速度的整个调节过程是由速度调节器来完成的，即凡是与速度有关的问题，就应该去查找速度调节器，因此振动问题也应查找速度调节器。主要从给定信号、反馈信号及速度调节器本身这三方面去查找故障。

分析机床振动周期是否与进给速度有关，可从以下几方面考虑：

（1）如与进给速度有关，振动一般与该轴的速度环增益太高或速度反馈故障有关；

（2）若与进给速度无关，振动一般与位置环增益太高或位置反馈故障有关；

（3）如振动在加减速过程中产生，往往是系统加减速时间及定位设定过小造成的。

【例5】一台配套FANUC 6M的加工中心，机床更换位置，首次开机时，出现剧烈的振动，CRT显示401、430报警。

故障分析与处理： FANUC 6M系统CRT上显示401报警的含义是"X、Y、Z等进给轴驱动器的速度控制准备信号（VRDY信号）为OFF状态，即速度控制单元没有准备好"；ALM430报警的含义是"停止时Z轴的位置跟随误差超过"。

根据以上故障现象，考虑到机床搬迁前工作正常，可以认为机床的剧烈振动，是引起X、Y、Z等进给轴驱动器的速度控制准备信号（VRDY信号）为"OFF"状态，且Z轴的跟随误差超过的根本原因。分析机床搬迁前后的最大变化是输入电源发生了改变，因此，电源相序接反的可能较大。检查电源进线，确认相序连接错误，更改后，机床恢复正常。

7. 伺服电动机不转

数控系统至进给单元除了速度控制信号外，还有使能控制信号，使能信号是进给动作的前提，可参考具体系统的信号连接说明书。

当伺服电动机不转动时，需要检查以下几个方面：

（1）检查数控系统是否有速度控制信号输出；

（2）检查使能信号是否接通，通过CRT观察I/O状态，分析机床PLC梯形图，以确定进给轴的启动条件，如润滑、冷却等是否满足；

（3）若伺服电动机带有电磁制动器，应检查电磁制动器是否释放；

（4）检查进给驱动单元是否故障；

（5）检查伺服电动是否机故障。

【例6】一台配套FANUC 0M系统的加工中心，机床启动后，在自动方式运行下，CRT显示401号报警。

故障分析与处理： FANUC 0M出现401号报警的含义是"轴伺服驱动器的VRDY信号断开，即驱动器未准备好"。根据故障的含义以及机床上伺服进给系统的实际配置情况，维修时按下列顺序进行了检查与确认：

（1）检查$L/M/N$轴的伺服驱动器，发现驱动器的状态指示灯PRDY、VRDY均不亮。

（2）检查伺服驱动器电源AC100V、AC18V均正常。

（3）测量驱动器控制板上的辅助控制电压，发现 ±24V、±15V异常。

根据以上检查，可以初步确定故障与驱动器的控制电源有关。仔细检查输入电源，发现X轴伺服驱动器上的输入电源熔断器电阻大于2MΩ，远远超出规定值。

更换熔断器后，再次测量直流辅助电压，±24V、±15V恢复正常，指示灯PRDY、VRDY均恢复正常，重新运行机床，401号报警消失。

8. 位置误差

当伺服运动超过允许的误差范围时，数控系统就会产生位置误差过大报警，包括跟随误差、轮廓误差和定位误差等。主要原因如下：

（1）系统设定的允差范围过小；

（2）伺服系统增益设置不当；

（3）位置检测装置有污染或损坏；

（4）进给传动链累积误差过大；

（5）主轴箱垂直运动时平衡装置不稳。

【例7】某配套FANUC 6M系统，DC20/30型直流PWM驱动的卧式加工中心，在自动加工过程中，偶然出现ALM401、ALM421报警。

故障分析与处理： ALM401是X、Y、Z等进给轴伺服系统的速度控制单元的准备信号（VRDY信号）为OFF状态，即伺服系驱动统没有准备好；ALM421是Y轴位置跟随超差报警。由于故障偶尔出现，初步判定CNC与伺服驱动系统本身无损坏；经操作，在机床手动回参考点工作时，均无报警，分析电缆连接不良的可能性很小。

为了确定原因，维修时对Y轴编制了空运行试验程序，经多次试验确定故障多在快进启动与停止时出现，发生故障时，速度控制单元上HVAL报警指示灯亮，表明驱动系统存在过电压。测量速度控制单元输入电源，发现输入电源正确；检查直流母线上的制动电阻、斩波管均为损坏，初步判定故障是由于机械负载过重引起的。

由于该机床Y轴采用了液压平衡系统，分析机械负载过重可能与平衡液压缸的压力调节有关，进一步检查液压系统，发现平衡压力调整过低，重新调整平衡系统压力后，故障现象消失，机床恢复正常。

9. 回参考点故障

基准点是机床在停止加工或交换刀具时，机床坐标轴移动到一个预先指定的准确的位置。机床返回基准点是数控铣床启动后首先必须进行的操作，然后机床才能转入正常工作。机床不正确返回基准点是数控铣床常见的故障之一。机床返回基准点的方式随机床所配用的数控系统不同而异，但多数采用栅格方式（用脉冲编码器作位置检测元件的机床）或磁性接近开关方式。后面详细介绍机床在返回基准点时的故障。

10. 机械传动部件的间隙与松动

数控铣床的进给传动链常常由于传动元件的键槽与键之间的间隙使传动受到破坏，因此，对加工和装配必须进行严查。游隙的存在易产生明显传动间隙，因此，在装配滚珠丝杠时应当检查轴承的预紧情况，以防止滚珠丝杠的轴向窜动。

二、步进驱动装置常见故障及排除

步进驱动是开环控制系统中最常选用的伺服驱动系统。开环进给系统的结构较简单、调试、维修、使用都很方便，工作可靠，成本低廉。在一般要求精度不太高的机床上曾得到广泛应用。

1. 电动机报警

电动机过热报警，可能原因及故障排除见表5-3。

表5-3　步进电动机报警

故障现象	可能原因	排除措施
有些系统会报警，显示电动机过热。用手摸电动机，会明显感觉温度不正常，甚至烫手	工作环境过于恶劣，环境温度过高	重新考虑机床应用条件，改善工作环境
	参数选择不当，如电流过大，超过相电流	根据参数说明书，重新设置参数
	电压过高	建议配备稳压电源

2. 驱动器或步进电动机报警

在加工或运行过程中，驱动器或步进电动机突然发出刺耳的尖叫声然后停止运转，可能的原因及排除措施见表5-4。

表5-4　驱动器或步进电动机报警

故障现象	可能原因	排除措施
驱动器或步进电动机发出刺耳的尖叫声，然后电动机停止不转	输入脉冲频率太高，引起堵转	降低输入脉冲频率
	输入脉冲的突调频率太高	降低输入脉冲的突调频率
	输入脉冲的升速曲线不够理想引起堵转	调整输入脉冲的升速曲线

3. 突然停车或闷车

机床在工作过程中突然停车或者出现机床无力现象或者是出力降低称为"闷车"，可能原因见表5-5。

表5-5　停车或闷车故障原因及排除措施

故障原因	检查步骤	排除措施
驱动电源故障	用万用表测量驱动电源的输出	更换驱动器
驱动电路故障	发生脉冲电路故障	
电动机故障	绕组烧坏	更换电动机
电动机线圈匝间短路或接地	用万用表测量线圈间是否短路	
杂物卡住	可目测	消除外界的干扰因素
驱动器端故障	电压没有从驱动器输出来	检查驱动器，确保有输出
	驱动器故障	更换驱动器
	电动机绕组内部发生错误	
电动机端故障	电动机绕组碰到机壳，发生相间短路或者线头脱落	更换电动机
	电动机轴断	
	电动机定子与转子之间的气隙过大	专业电动机维修人员调整好气隙或更换电动机
外部故障	电压不稳	重新考虑负载和切削条件
	会造成闷车的原因可能是负载过大或切削条件恶劣	重新考虑负载和切削条件

4. 噪音很大

工作噪声特别大，仔细观察加工或运行过程中，会伴有进二退一现象，可能原因及排除措施见表5-6。

表5-6　工作噪声特别大

故障现象	可能原因	排除措施
低频旋转时有进二退一现象，高速上不去	相序错误	正确连接动力线
电动机故障	磁路混合式或永磁式转子磁钢退磁后以单步运行或在失步区	更换电动机
	永磁单向旋转步进电动机的定向机构损坏	更换电动机

5. 电动机抖动

电动机运转不均匀，有抖动现象，反映在加工中是加工的工件有振纹，表面粗糙度差，引起此故障的可能原因及排除措施见表5-7所示。

表5-7　数控装置显示时有时无或抖动的故障综述

可能原因	检查步骤	排除措施
指令脉冲不均匀	用示波器观察指令脉冲	从数控系统查找故障并排除
指令脉冲太窄		
指令脉冲电平不正确	用万用表观测指令脉冲电平	
指令脉冲电平与驱动器不匹配	用万用表测量指令脉冲电平后比较是否与驱动器匹配	确实电平能匹配
脉冲信号存在噪声	用示波器观测脉冲信号	注意观察电平是否变化频繁
脉冲频率与机械发生共振	可目测	调节数控系统参数，避免共振

6. 步进电动机常见故障及维修

步进电动机常见故障见表5-8所示。

表5-8　步进电动机常见故障综述

故障现象	可能原因	排除措施
电动机尖叫	CNC中与伺服驱动有关的参数设定、调整不当	正确设置参数
电动机不能旋转	保险丝熔断	更换保险丝
	动力线连接不良	确保动力线连接良好
	参数设置不当	依照参数说明书，重新设置相关参数
	电动机卡死	主要是机械故障，排除卡死的故障原因，经验证，确保电动机正常后，方可继续使用
	生锈或故障	更换步进电动机
电动机发热异常	动力线R、S、T连线不搭配	正确连接R、S、T线

三、华中数控交流伺服系统的故障诊断

HSV-16型伺服提供了15种不同的保护功能和故障诊断。当其中任何一种保护功能被激活时，驱动器面板上将显示对应的报警信息。在使用驱动器时要求将报警输出或故障连锁输出接入急停回路，当伺服驱动器保护功能被激活时，伺服驱动器网路可以及时断开主电源（切断三相主电源，控制电源继续得电）。在清除故障源后，可以通过关闭电源，重新给伺服驱动器上电来清除报警，也可以通过面板按键进入辅助模式，采用报警复位方式来清除报警。

华中数控系统的报警主要以序号的形式通知用户，不同的序号代表着不同的故障，如表5-9所示为常见的报警信息。

表5-9　伺服系统报警信息

报警代号	报警名称	内容
1	主电路欠电压	主电路电源电压过低
2	主电路过电压	主电路电源电压过高
3	IPM模块故障	IPM智能模块故障
4	制动故障	制动电路故障
*5	熔丝熔断	主回路熔丝熔断
6	电动机过热	电动机温度过高
7	编码器A、B、Z故障	编码器A、B、Z信号错误
8	编码器U、V、W故障	编码器U、V、W信号错误
9	控制电源欠电压	控制电源±15V偏低
10	过电流	电动机电流过大
11	系统超速	伺服电动机速度超过设定值
12	跟踪误差过大	位置偏差计数器的数值超过设定值
*13	控制参数读错误	读EEPROM参数故障
*14	DSP故障	DSP故障
*15	看门狗故障	软件看门狗叫唤

带有"*"标记的保护不能以报警复位方式清除，只有切断电源，排除故障，再接通电源，才能清除。根据表5-9所列的故障类型，可以根据实际情况进行电路的检查与排除。

1. 主电路欠电压

此故障可以分在启动时和运行时两种不同的情况下出现。

（1）启动时欠电压。出现故障的原因可能是电路板故障、电源熔断器损坏、软启动电路故障、整流器损坏等原因。此时可进行伺服驱动器更换处理。

（2）运行时欠电压。在运行时出现这一故障说明伺服硬件故障的可能性不大，可以检查是否过热或者是电源容量不够等。

2. 主电路过电压

此故障可以从以下三个方面进行排除诊断。

（1）如果是在接通控制电源时出现此故障，可能是电路板故障，需要更换伺服驱动器。

（2）如果是在接通动力电源时出现此故障，需要检查电源的电压是否过高或者电源波形是否正常。

（3）如果是外部制动电阻接线断开，需要检查外部制动电路并重新接线。如果是制动晶供管损坏或者内部制动电阻损坏，就需要更换新的伺服驱动器。

3. 熔丝熔断

如果在运行过程当中出现熔丝熔断，首先需要确定其熔断原因。检查驱动器外部U、V、W之间是否有短路、接地不良、电动机绝缘损坏、驱动器损坏等原因，并进行相应的接线和更换操作。如果是由于电动机的负载转矩超过额定转矩，就需要检查负载是否过大，进而降低启停频率、减小转矩限制或更换大功率的电动机。

4. 电动机过热

如果电动机过热，很可能是电动机长时间工作在大负载下，或者是传动过程中有机械损失，需要减少工作负载或者是检查机械部分，如果还不能解决可能需要更换电动机。

5. 系统超速

造成系统超速的原因很多，可以分为启动时、刚启动时及运行时三种情况进行分析与排查。

（1）启动时超速。可能是控制电路板故障或者是编码器故障，需要更换伺服驱动器或者伺服电动机。

（2）刚启动时超速。可能是负载惯量过大，需要减小负载惯量或者更换大功率的驱动器和电动机。另外一种情况是与编码器有关，可能是编码器零点错误或者编码器电缆引线接错。此时需要更换编码器或者是重新接线。

（3）运行时超速。在运行过程当中出现此故障一般是由伺服系统不稳定，引起超调造成的。可以重新设定有关增益。如果增益不能设置到合适值，则减小负载转动惯量比率。

6. 跟踪误差过大

此故障的出现原因也比较多，在保证接线没有错误的前提下，大部分是在运行过程当中出现的，出现故障后可以设定位置超差检测范围大小；或者是由于位置比例增益太小或者是转矩不足、指令脉冲频率太高等引起的，可以通过减小比例增益，更换大转矩电动机和降低指令脉冲频率等方法来排除故障。

7. 编码器故障

编码器A、B、Z故障主要有编码器接线错误、编码器损坏、外部干扰、编码器电缆不良、编码器电缆过长等原因。可采用检查接线、更换电动机、增加电路滤波器、远离干扰源、换电缆、缩短电缆、采用多芯并联供电等方法解决。

8. 伺服电动机运转不正常

检查驱动系统，经常采用交换法来确认故障范围，包括：

（1）驱动器所用电动机的交换。

（2）驱动器所用电缆线的交换。

（3）驱动器所用控制接口的交换。

若检查、排除故障需要拆装线缆或插拔接插件，首先要断开电源。参数修改后应关闭电源3min以上，再重新启动。应确保进给驱动或主轴驱动器的信号地与PC（包括工业PC及通用PC）的信号地可靠连接。

9. 伺服系统通电立即报警

出现此故障的原因可能有以下几种：

（1）伺服电动机动力线相序不正确。

（2）位置反馈电缆不正确。

（3）伺服电动机动力线、位置反馈电缆与伺服驱动未对应。

10. 电动机不能正常工作

若电动机不能正常工作，常会有以下几种情况：

（1）伺服电动机不能运行。检查所有连线、电源、数控系统及驱动参数、电动机是否堵转，操作是否正确，电动机与驱动是否损坏。

（2）静止时伺服电动机抖动。检查位置反馈电缆、位置反馈编码器以及驱动PID参数是否调整好。

【例8】某华中世纪星HNC-21/22系统数控铣床，在开机状态下伺服电动机静止时不停的抖动。

故障分析与处理： 经检查确定是由于位置反馈电缆与伺服电动机之间的接线有问题，因此将与位置反馈电缆有关的接口全部检查一遍，发现接口没有松动，确定是电缆的问题，更换电缆以后问题得以解决。图5-10所示为华中世纪星数控系统位置反馈电缆接线示意图。

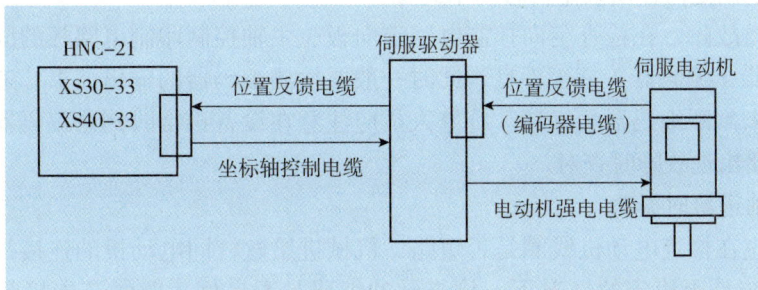

图5-10 华中世纪星数控系统位置反馈电缆接线示意图

（3）未发指令伺服电动机缓慢转动。检查数控系统及驱动参数、通信控制电缆及接地抗干扰。

（4）伺服电动机转动一下就不动。检查位置反馈电缆、位置反馈编码器、电动机动力线缆相序、数控系统及驱动参数。

（5）伺服电动机运转时跳动。检查可靠接地抗干扰、位置反馈电缆、位置反馈编码器、电动机动力线缆相序、数控系统及驱动参数以及机械负载。

（6）伺服电动机爬行、无力。检查位置反馈电缆、位置反馈编码器、电动机动力线缆相序、数控系统及驱动参数PID设置、可靠接地抗干扰以及机械负载。

（7）不能换刀。检查换刀电动机及相序、空开、过热继电器、刀位信号是否正确，系统参数设置以及机械动作负载。

四、检测器件的常见故障及维修

当机床出现如下故障现象时，首先要考虑到是否是由检测器件的故障引起的，并正确分析查找故障部位。

1. 机械振荡（加/减速时）

引发机械振荡故障的常见原因有以下几点：

（1）脉冲编码器出现故障。此时应重点检查速度检测单元上的反馈线端子的电压是否在某几点电压下降，如有下降，表明脉冲编码器不良，需要更换编码器。

（2）脉冲编码器十字联轴节损坏。由于十字联轴节损坏，导致轴转速与检测到的速度不同步，需要更换联轴节。

（3）测速发电动机出现故障。修复、更换测速发电动机，在长期的生产经验中，多是由测速发电动机电刷磨损、卡阻故障引起，应拆开测速发电动机，小心将电刷拆下，在细砂纸上打磨几下，同时清扫换向器的污垢，再重新装好。

2. 机械运动异常快速（飞车）

检修此类故障，应在检查位置控制单元和速度控制单元工作情况的同时，还应重点检查脉冲编码器接线是否错误，检查编码器接线是否为正反馈，A相和B相是否接反；脉冲编码器联轴节是否损坏，如果损坏，需要更换联轴节；检查测速发电动机端子是否接反、励磁信号线是否接错。

3. 主轴不能定向移动或定向移动不到位

检修此类故障，在检查定向控制电路定向板、主轴控制印制电路板的同时，应检查位置检测器（编码器）是否不良，此时一般要检测编码器的输出波形，通过输出波形是否正常来判断编码器的好坏。维修人员应注意在设备正常时测录编码器的正常输出波形，以便出现故障时查对。

4. 坐标轴进给时振动

检修时应在检查电动机线圈是否短路、机械进给丝杠同电动机的连接是否良好、整个伺服系统是否稳定的情况下，检查脉冲编码是否良好、联轴节连接是否平稳可靠、测速发电动机是否可靠。

5. 出现NC错误报警

由于程序错误、操作错误引起的报警为NC错误报警，如FANUC 6ME系统的NC报警090.091。出现NC报警，有可能是主电路故障和进给速度太低引起。同时，还有可能是脉冲编码器不良，或者脉冲编码器电源电压太低（此时调整电源电压，使主电路板的+5V端子上的电压值在4.95～5.10V之间），或者没有输入脉冲编码器的一转信号而不能正常执行参考点返回。

6. 出现伺服系统报警

如FANUC 6ME系统其伺服报警有416、426、436、446、456。当出现伺服系统报警时，要注意检查轴脉冲编码器反馈信号是否断线、短路或信号丢失，使用示波器测A相、B相一转信号，看其是否正常。如果是编码器内部故障，造成信号无法正确接收，应检查其是否受到污染、变形等。

五、软件报警（CRT显示）故障及处理

机床报警后，CRT显示报警信息，根据信息代码查找故障原因。常见的故障总结如下：

1. 进给伺服系统出错报警故障

这类故障的起因，大多是速度控制单元方面的故障引起的，或是主控制印制电路板与位置控制或伺服信号有关部分的故障。例如，表5-10所示为FANUC PWM速度控制单元控制板上的7个报警指示灯，分别是BRK、HVAL、HCAL、OVC、LVAL、TGLS以及DCAL，在报警指示灯下方还有PRDY（位置控制已准备好信号）和VRDY（速度控制单元已准备好信号）2个状态指示灯。

表5-10　速度控制单元状态指示灯一览表

代号	含义	备注	代号	含义	备注
BRK	驱动器主回路熔断器跳闸	红色	TGLS	转速太高	红色
HVAL	驱动器过电压报警	红色	DCAL	直流母线过电压报警	红色
HCAL	驱动器过电流报警	红色	PRAY	位置控制准备好	绿色
OVC	驱动器过载报警	红色	VRDY	速度控制单元准备好	绿色
LVAL	驱动器欠电压报警	红色	—	—	—

2. 检测元件或检测信号报警

检测元件（测速发电动机、旋转变压器或脉冲编码器）或检测信号方面引起的故障。

例如，某数控铣床显示"主轴编码器断线"，引起的原因可能有以下几个方面。

（1）电动机动力线断线。如果伺服电源刚接通，尚未接到任何指令时，就发生这种报警，则由于断线而造成故障可能性最大。

（2）伺服单元印制线路板上设定错误。例如，将检测元件脉冲编码器设定成了测速发电动机等。

（3）没有速度反馈电压或时有时无。这类故障除检测元件本身存在故障外，多数是由于连接不良或接通不良引起的。

（4）由于光电隔离板或中间的某些电路板上劣质元器件所引起的。有时开机运行相当长一段时间后，出现"主轴编码器断线"，这时，重新开机，可能会自动消除故障。

3. 参数被破坏报警

参数被破坏报警表示伺服单元中的参数由于某些原因引起混乱或丢失。引起此报警的通常原因及常规处理措施如表5-11所示。

表5-11 "参数被破坏"报警综述

警报内容	警报发生状况	可能原因	处理措施
参数破坏	在接通控制电源时发生	正在设定参数时电源断开	进行用户参数初始化后重新输入参数
		正在写入参数时电源断开	
		超出参数的写入次数	更换伺服驱动器（重新评估参数写入法）
		伺服驱动器EEPROM以及外围电路故障	更换伺服驱动器
参数设定异常	在接通控制电源时发生	装入了设定不适当的参数	执行用户参数初始化处理

4. 主电路检测部分异常

显示主电路检测部分异常警报发生在接通控制电源时或者在运行过程中，发生此报警的可能原因有两点：一是控制电源不稳定；二是伺服驱动器故障。针对这两种可能出现原因的处理措施是将电源恢复正常或者更换伺服驱动器。

5. 限位动作

限位报警主要是指超程报警。超程有软超程和限位开关超程两种。引起此报警的通常原因及常规处理措施如表5-12所示。

表5-12 "限位"报警综述

警报发生状况	可能原因	处理措施
限位开关动作	限位开关有动作（即控制轴实际已经超程）	参照机床使用说明书进行超程解除
	限位开关电路开路	依次检查限位电路，处理电路开路故障

● 项目小结

本项目通过对数控铣床进给伺服系统故障的分析讲解，介绍了数控铣床伺服系统的结构组成，控制原理等知识并着重讲解了华中数控和FANUC数控的伺服系统出现故障时的排故过程及措施。

● 思考训练

1. 按照系统的构造特点，伺服系统可以分成几类，各有什么特点？
2. 简述伺服参数的初始化步骤。
3. 电动机分哪几种？各有什么特点？
4. 华中伺服系统超速的原因有哪些？应该如何解决？
5. 位置检测装置的常见故障有哪些？应怎样处理？

项目六

数控铣床输入/输出模块

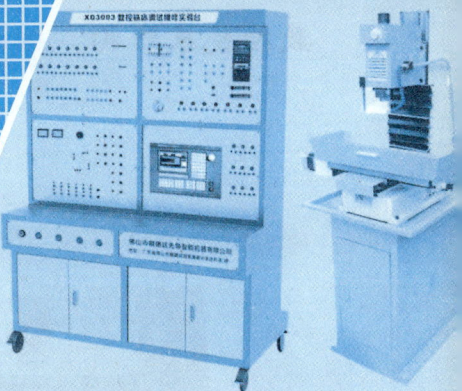

知识目标：

1. 了解输入/输出装置的作用。

2. 了解数控铣床维护保养工作。

3. 了解数控铣床输入/输出装置常见的故障形式。

技能目标：

1. 能够读懂数控机床电气装配图、电气原理图及电气接线图，并能按照接线图纸正确接线。

2. 能对系统操作面板、机床操作面板进行操作。

3. 能对电气维修中配线质量进行检查，能解决配线中出现的问题。

4. 能根据输入/输出装置出现的故障进行诊断与维护。

◀ 项目分析

数控铣床在进行加工前，必须接收由操作人员输入系统的零件加工程序，然后才能根据输入的零件加工程序进行加工控制，从而加工出所需的零件。此外，数控系统中常用的零件程序有时也需要在系统外备份或保存。因此，数控系统中必须具备必要的交互装置（即输入/输出装置）来完成零件程序的输入/输出过程。

零件加工程序一般存放在便于与数控装置交互的一种控制介质上；早期的数控铣床常用穿孔纸带、磁带等控制介质，现代数控铣床系统常用磁盘或半导体存储器等控制介质。如图6-1所示为常见的控制介质输入/输出装置。上述数控铣床系统控制介质及其输入/输出装置见表6-1。

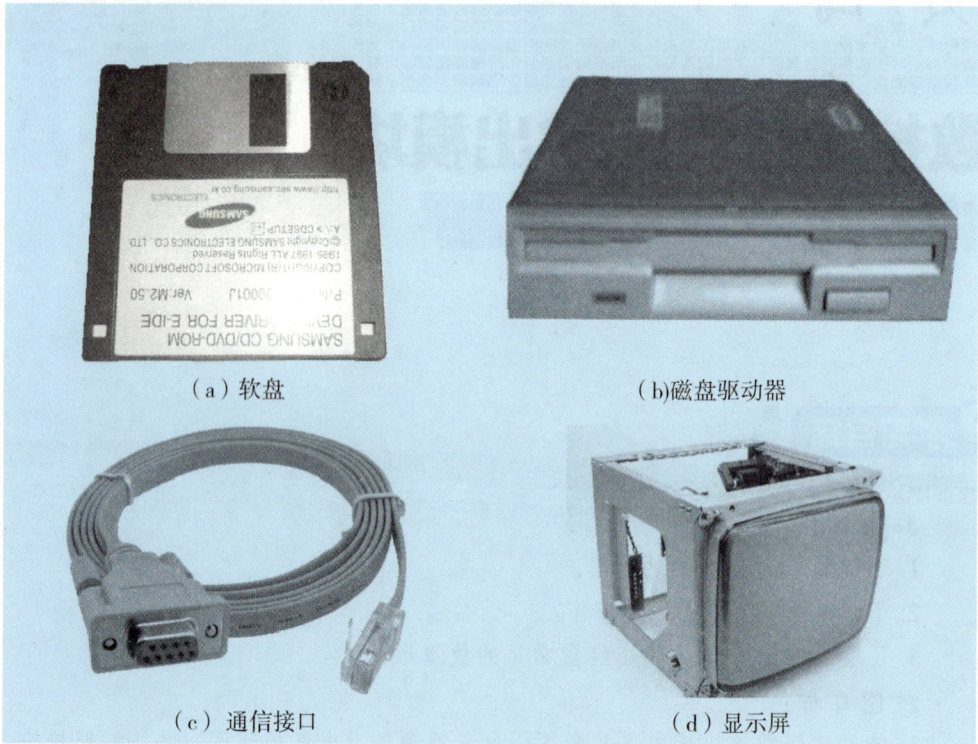

（a）软盘　　　　　　　　　　　　　　　（b）磁盘驱动器

（c）通信接口　　　　　　　　　　　　　（d）显示屏

图6-1　常用控制介质及输入/输出设备

表6-1　控制介质与输入／输出装置

控制介质	输入装置	输出装置
穿孔纸带	纸带阅读机	纸带穿孔机
磁带	磁带机（录音机）	
磁盘	磁盘驱动器	

任务

认识输入/输出模块

一、输入/输出装置

存储介质上记载的加工信息需要输入装置送给机床数控系统，机床内存中的零件加工程序可以通过输出装置传送到存储介质上。输入、输出装置是机床与外部设备的接口。

1. 输入装置

将数控指令输入给数控装置，根据程序载体的不同，相应有不同的输入装置。目前输入装置主要有键盘输入、磁盘输入、CAD/CAM系统直接通信方式输入和连接计算机的DNC（直接数控）输入，现仍有不少系统还保留有光电阅读机的纸带输入形式。

（1）纸带输入方式。可用纸带光电阅读机读入零件程序，直接控制机床运动，也可以将纸带内容读入存储器，用存储器中储存的零件程序控制机床运动，如图6-2所示为纸带。

穿孔纸带也叫指令带，是早期计算机的输入系统。也用于数控装置作为控制介质。穿孔纸带上必须用规定的代码，以规定的格式排列，并代表规定的信息。

数控装置读入这些信息后，对它进行处理，用来指挥数控铣床完成一定的机械运动。

光电式纸带阅读机结构如图6-3所示。数控铣床加工前将穿孔纸带放入阅读机，数控系统发出指令使阅读机启动。首先是送带电磁铁吸合，将压带轮压向送带轮，穿孔纸带往前送进。光源通过透镜以平行光束照射在穿孔纸带上，在纸带下面相应放置9个光电元件，分别与

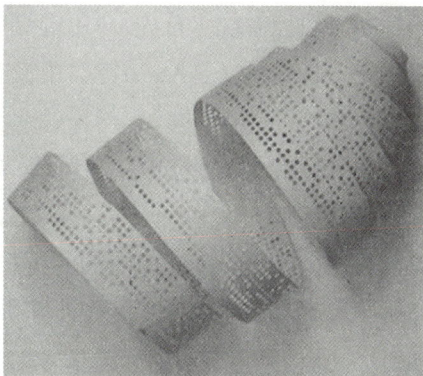

图6-2　纸带

纸带上的8列信号孔和1列同步孔的位置对齐。纸带上有孔的地方有光透过，照射到光电元件上，产生正弦波信号，经过放大和整形之后转换为脉冲波信号，再送到数控系统译码和寄存。当读到程序结束的代码时，制动电磁铁通电，而送带电磁铁断电，制

动辊压向制动块，压带轮松开，穿孔纸带停止送进。

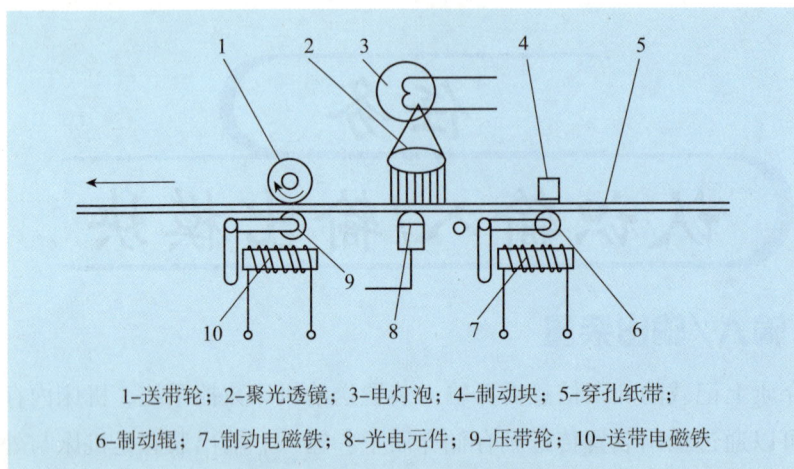

1-送带轮；2-聚光透镜；3-电灯泡；4-制动块；5-穿孔纸带；

6-制动辊；7-制动电磁铁；8-光电元件；9-压带轮；10-送带电磁铁

图6-3　光电式纸带阅读机结构原理

（2）MDI键盘输入方式。操作者可利用操作面板上的键盘输入加工程序的指令，它适用于比较短的程序。

在控制装置编辑状态（EDIT）下，用软件输入加工程序，并存入控制装置的存储器中，这种输入方法可重复使用程序。一般手工编程均采用这种方法。

在具有会话编程功能的数控装置上，可按照显示器上提示的问题，选择不同的菜单，用人机对话的方法，输入有关的尺寸数字，就可自动生成加工程序。

键盘由一组按压式开关组成，并以矩阵方式排列。按键的数目根据需要而定，一般包括声键、字母键、符号键和功能键。计算机中常用的7位数编码的ASCII键盘，并不适用于数控系统，首先ASCII键盘中有很多键是数控系统不需要的，其次数控系统需要的一些特殊键又是ASCII键盘中没有的。因此数控系统的键盘有其特殊性，但其原理和ASCII键盘是相同的。

识别按键有两种方法，一种是"行扫描法"，另一种是"线反转法"。这里介绍前一种方法。

如图6-4所示为矩阵键盘的行扫描法原理。行线经过74LS273和与非门连接到计算数据总线DB0～DB3，接收计算机发送的扫描码；列线经过三态门连接到数据总线DB0～DB5，可将返回的列线信号送入计算机。锁存器与三态门的地址选择由地址线经译码后得到，这样CPU就可以通过锁存器逐行输出扫描码，通过三态门读入列线返回信息。

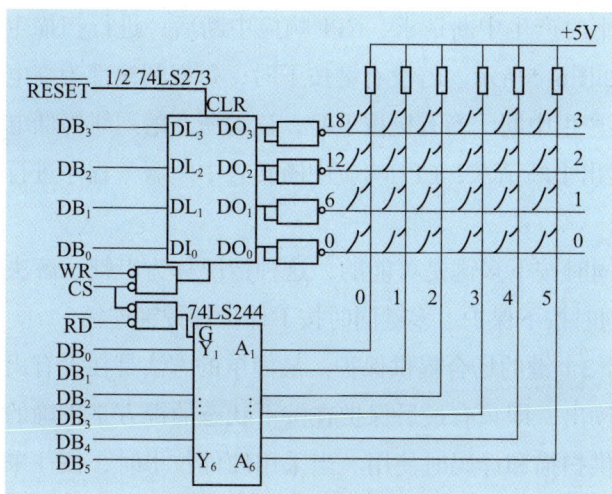

图6-4　矩阵键盘结构形式

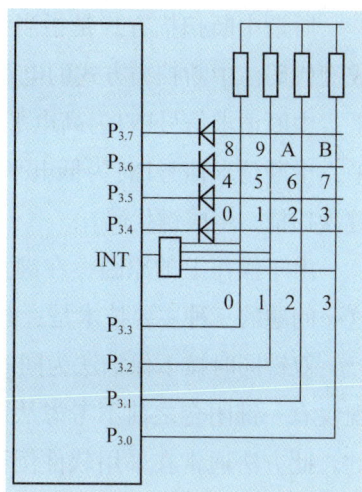

图6-5　键盘的中断扫描法

首先，CPU在锁存器中写入全"1"，这样经与非门反相后所有的行线均为低电平。然后通过三态门将列线状态读入进行检查，若列线信息全"1"，则说明没有键按下，若不全为"1"，则说明有键按下。有键按下时，延时去抖动后，对键盘进行扫描，判断哪一个键按下。扫描的方法是每次输出的扫描码中只有一位为"1"，其余位为"0"。也就是说可顺次输出扫描码对行线进行扫描。每输出1个扫描码，通过三态门读一次列线信息，如全为"1"时，表示对应扫描码为"1"的那行线上无键按下。当输入的列线信息不全为"1"时，表示该行线上有键按下。综合行线扫描码为"1"的位和列线信息中"0"的位，即可知道被按下的键所在的位置。如扫描输出为0100时，读入的列线信息为110111，则可知第2行第3列的键被按下。综合行线、列线信息，可以生成被按下键的代码。

键代码生成的方式各异，其中一种是对第0列的按键给予固定的代码：0、6、12、18，其余各列的键代码为所在行第0列键代码加上列号。如上述第2行第3列的键代码为15键代码的计算可由键盘扫描程序来实现。生成键代码可用查表法，即根据扫描的行线信息和列线信息值表得到键代码。但是，如果直接用扫描码和返回码查表，则键代码表是离散的很多空间没有用上。浪费内存空间，所以应对扫描信息进行压缩。用压缩后的扫描信息查表，则代码表可以是连续的。压缩的方法是用扫描码和回扫码的有效位数来表示扫描信息，如扫描码0100用02H表示，返回码110111用03H表示。

对键盘采用定时扫描的方法，无论有无键按下，CPU总是要按规定时间扫描键盘，这样在多数情况是空扫描，影响CPU的工作效率。如果延长扫描的时间间隔来提高CPU的效率则可能出现漏扫现象，导致数据或命令丢失。为了提高效率并避免漏扫，可以采用中断扫描方式。

所谓中断扫描方式是指当键按下时产生中断请求，CPU响应中断后，进行扫描生成键代码。中断扫描方式的电路图如图6-5所示。若没有键按下时，每根列线都为高电平，中断请求信号INT为高电平，不产生中断。当有键按下时，该键所在的列线为低电平，中断请求信号INT为低电平，发出中断请求，CPU响应中断转入中断服务程序进行键盘扫描，生成键代码。

由于操作上的原因，在键盘上同时按下多键是可能的，这种情况称为串键。解决这一问题的三种主要技术是：双键同时按下保护、多键同时按下保护和按键连锁。

双键同时按下保护法为同时按下2个键的场合提供保护。最简单的方法是在没有出现仅有一键闭合之前不考虑从键盘读出，即只有最后保护在按下状态的键方是正确的键。此方法通常在采用软件例程提供扫描和译码时使用。当采用硬件技术时，往往采用锁定的方法，即在第1键释放前不让第2键的闭合产生选通脉冲，锁定的时间和第1键的闭合时间相同。

多键同时按下保护法为同时按下多于2个键的场合提供保护，是在没有出现仅有一键闭合之前不响应所有同时按下的键。此方法需增加保护二极管，以防互联短路，因而提高了键盘造价。在较便宜的系统中很少采用多键同时按下保护方法。

所谓按键连锁，是指当一键被按下时，在完全释放之前，其他的键虽可被按下或松开，但不产生任何代码。此方法实现简单，因而比较常用。

如图6-6所示的按键电路，按下并抬起按键SB，希望产生一个矩形负脉冲。但在键按下和抬起的过程中有机械抖动。因此在负脉冲开始和尾部会出现一些毛齿波，如图6-7所示。计算机的处理速度很快，如果检测到一个负脉冲就认为按下一次键，那么就会将毛齿波所产生的多个负脉冲作为多次按键处理了。毛齿波延续的时间与键的机械性能有关，一般为5～15 ms。按键抖动影响键盘的正常信号输入，必须消除。消除抖动的方法可以用硬件实现，也可以用软件实现。

硬件去抖动的电路如图6-8所示，先用RC电路对按键产生的带毛齿的负脉冲加以滤波，然后用施密特门对滤波后的信号进行整形，形成无毛齿的矩形负脉冲。这种方法通常在键较少的情况下使用。

在键数多于16个时，一般用软件去抖动技术。软件去抖动的程序流程图如图6-9所示。软件去抖动采用延时的方法，即当检测到有键按下或抬起时，先延时一段时间，避开抖动区再去检查哪个键按下或抬起，延时时间可选用5～15 ms。

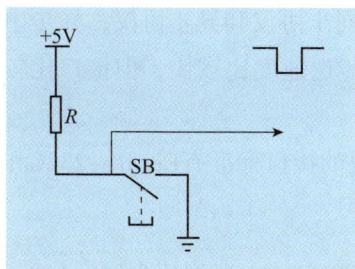

图6-6 按键电路

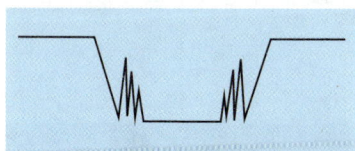

图6-7 按键抖动产生的毛齿波

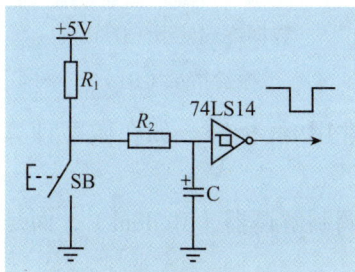

图6-8 硬件去抖动电路

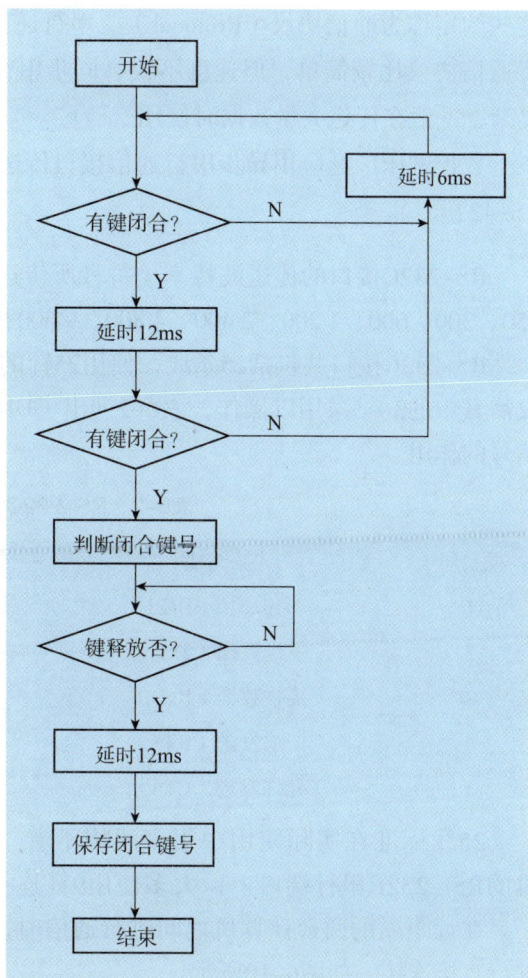

图6-9 软件去抖动程序流程图

（3）采用DNC直接数控输入方式。把零件程序保存在上级计算机中，CNC系统一边加工一边接收来自计算机的后续程序段。DNC方式多用于采用CAD/CAM软件设计的复杂工件并直接生成零件程序的情况。

2. 输出装置

输出装置与伺服机构相连。输出装置根据控制器的命令接受运算器的输出脉冲，并将其送到各坐标的伺服控制系统，经过功率放大，驱动伺服系统，从而控制机床按规定要求运动。

输入/输出设备（I/O）起着人和计算机、机床和计算机、计算机和计算机的联系作用。

（1）数据通信接口。数据在设备之间传送可以采用并行方式或串行方式，传送距离较远用串行方式。为了保证数据传送的正确和一致，接收和发送双方对数据的传送应确定一致的且共同遵守的约定，它包括定时、控制、数据格式和数据表示方法等，这些约定称为通信协议（Protocol）。串行通信协议分为同步协议和异步协议；异步串行通信协议比较简单，但速度不快；同步串行通信协议传送速度比较快，但接口比较复杂，一般在传送大量数据时使用。

数控铣床广泛应用异步串行通信接口传送数据，主要的接口标准有Eia RS-232C和RS-422。

RS-232C接口的传送波特率（每秒所传送的数据位数，bit/s）典型值为75、110、150、300、600、1 200、2 400、4 800、9 600和19.2 K。

RS-232C接口共包括25条线，使用25针的D型连接器DB-25，但大多数计算机终端仅需其中的3～5条用以操作，表6-2列出了DB-25型25针连接器所定义的25条线中常用信号的作用。

表6-2　RS-232C常用信号作用

插针号	说　　明	插针号	说　　明
1	保护地（SHG）	6	数据传输设备就绪（DSR）
2	发送数据（TxD）	7	信号地（SIG）
3	接收数据（RxD）	8	载波检测（DCD）
4	请求发送（RTS）	9	数据终端就绪（DTR）
5	允许发送（CTS）	10	振铃指示（RI）

25线标准在实际使用中很多线用不着，所以现在常用9线标准。如在微型计算机的RS-232C串行端口上，大多使用9针连接器DB-9。

在近距离的两台计算机之间进行通信时，一般不用调制解调器（Modem），而是进行直接连接，如图6-10所示。

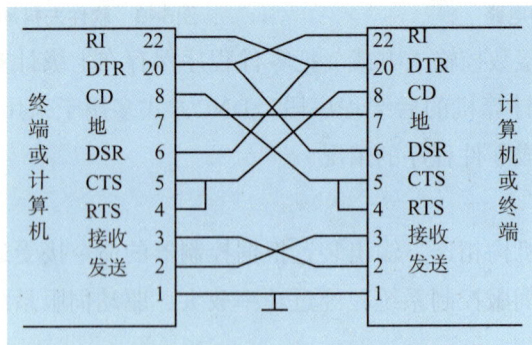

图6-10　两台计算机之间的直接连接

（2）网络通信接口。通过工业局域网，可将计算机和数控系统连接在一个信息系统中，构成柔性制造系统（FMS）或计算机集成制造系统（CIMS）。联网的计算机应能保证高速和可靠地传输程序和数据，在这种情况下，通常采用同步串行通信传送数据。当不同配置的计算机互联通信时，必须事先建立实现网络数据交换的规则标准或称协议。现在的网络通信协议大多采用ISO开放互联系统参考模型的7层结构为基础的有关协议，或采用IEEE802局域网络的有关协议。近年来MAP（Manufacturing Automation Protocol，制造自动化协议）已很快成为应用于工厂自动化的标准工业局域网络的协议。FANUC、Siemens等公司都支持MAP，在它们生产的数控系统中可以配置MAP2.1或MAP3.0的网络通信接口。局域网要求有较高的传输速度、较低的误码率，采用的传输介质有双绞线、同轴电缆光纤等，也可以通过调制解调器用电话线进行传输。

ISO开放式互联系统参考模型（OSI/RM）是国际标准化组织提出的分层结构的计算机通信协议的模型，它采用结构化的描述方法，将整个网络的通信功能划分成七个层次，目的是将一个复杂的通信问题分成若干个独立且比较容易解决的子问题，如图6-11所示。

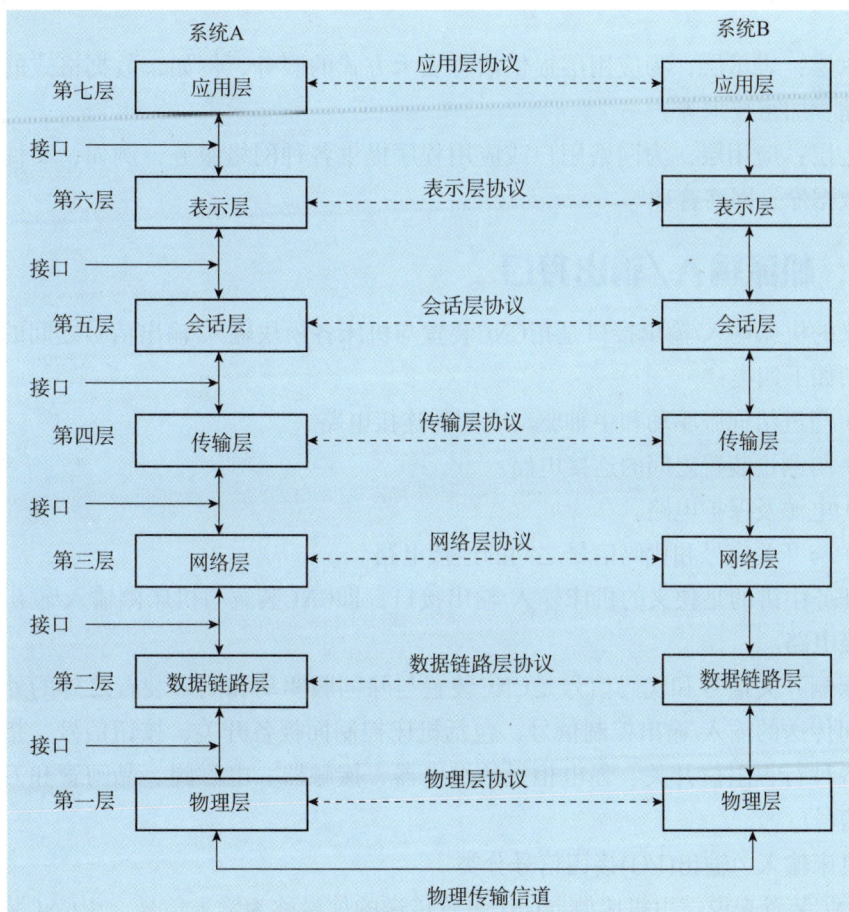

图6-11 ISO的OSI/RM及协议

OSI/RM每个层次完成各自的功能，通过各层间接口的功能组合与其相邻的层连接，从而实现两系统间、各结点间信息的传输。

OSI/RM最高层为应用层，面向用户提供网络服务；最底层为物理层，连接通信媒体实现数据通信。层与层之间的联系通过各层之间的接口来进行，上层通过接口向下层提出服务请求，而下层通过接口向上层提供服务。从图中可以看出，两个用户计算机通过网络进行通信时，只有物理层之间进行真正的数据通信（用实线连接），而其余各对等层（即双方的相同层）之间均不存在直接的通信关系（用虚线连接），而是通过对等层的协议来进行通信，这种通信是虚拟通信。

OSI/RM各层的主要功能如下：

第一层：物理层，为相邻节点间传送信息及编码。

第二层：数据链路层，为相邻节点间帧传送的差错控制。

第三层：网络层，完成节点间数据传送的数据包的路由选择。

第四层：传输层，提供节点至最终节点间可靠透明的数据传送。

第五层：会话层，为表示层提供建立、维护和结束会话连接的功能，并提供会话管理服务。

第六层：表示层，为应用层提供信息表示方式的服务，例如，数据格式的变换、文本压缩、加密技术等。

第七层：应用层，为网络用户或应用程序提供各种网络服务，例如，文件传输、分布式数据库、网络管理等。

二、机床输入/输出接口

广义的机床输入/输出接口是指CNC装置与机床各模块输入/输出信号之间的连接电路，包括如下四类：

（1）与进给伺服驱动和主轴驱动之间的连接电路。

（2）与测量装置之间的连接电路。

（3）电源及保护电路。

（4）与开关信号和代码信号之间的连接电路。

本任务中讲的是狭义的机床输入/输出接口，即CNC装置与机床侧输入/输出信号之间的连接电路。

机床侧开关信号和代码信号是CNC装置与除伺服驱动和测量装置之外的外部被控对象之间传送的输入/输出控制信号，包括机床控制面板各开关、按钮信号、指示灯、机床的各种行程限位开关、强电柜里的继电器、接触器、电磁阀、晶闸管和刀库控制等有关信号。

1. 机床输入／输出(I/O)接口信号分类

对CNC装置来说，由机床侧向CNC装置传送的信号称为输入信号，由CNC装置向机床侧传送的信号称为输出信号。CNC装置与外部被控对象之间交换的信号，按其形式大致可分为三类：

（1）开关信号。

（2）模拟量信号。

（3）脉冲信号。

2. 机床输入／输出(I/O)接口电路的作用

CNC装置一般不能直接与机床侧的输入／输出信号相连，而要通过I/O接口电路进行连接，以满足CNC系统的输入／输出要求。这部分接口电路的主要作用是：

（1）进行电平转换和功率放大，CNC装置的信号一般是TTL电平，而要控制的设备和电路不一定是TTL电平，负载也较大，因此要进行必要的电平转换和功率放大。

（2）为防止噪声引起误动作，要在电气上用光电隔离器件将CNC装置和机床侧的信号加以隔离，以提高CNC装置运行的可靠性。

（3）输入／输出模拟信号时，在CNC装置和机床侧要分别接入A／D、D／A转换电路。

如图6-12所示，在机床输入／输出（I／O）接口电路中，光电隔离器件起电气隔离和电平转换作用，其具体实现电路如图6-13所示；调理电路起对输入信号进行整形、滤波等作用。

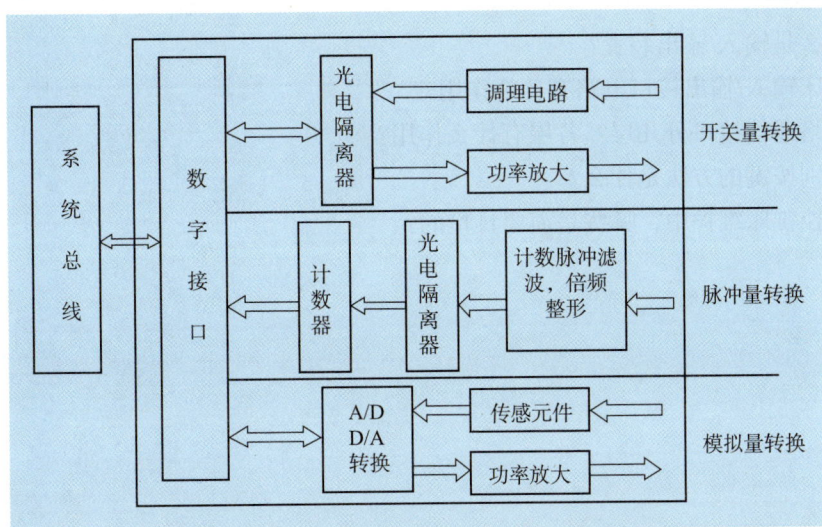

图6-12　机床输入／输出(I/O)接口电路及其作用

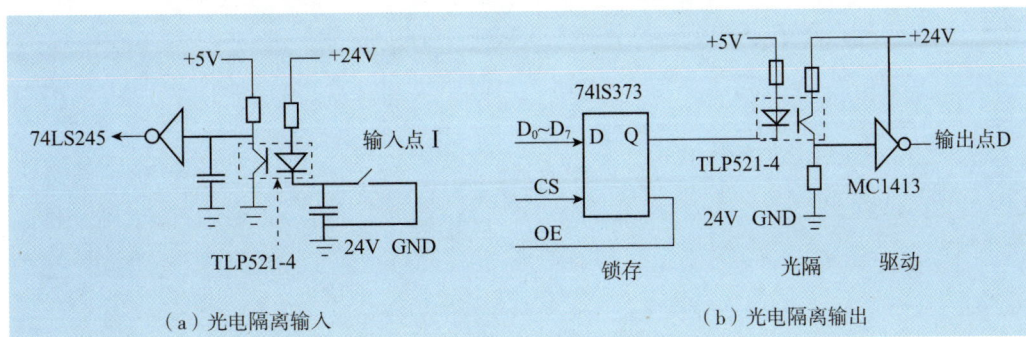

（a）光电隔离输入　　　　　　　　　　　　　（b）光电隔离输出

图6-13　光电隔离输入／输出电路

3. 机床侧开关信号的传送

机床侧开关信号均送至接口存储器中的某位，该位是二进制的"0"或"1"，分别表示开／关或通／断状态。CPU定时或随机读取该存储器状态，进行判别后作相应处理；同时，CPU定时或随机向输出接口送出各种控制信号，控制强电线路的动作。

项目小结

本项目通过对数控铣床输入/输出装置及接口和数控保养方面的学习，相信大家已经对数控输入/输出模块有了一个大致的了解。在该项目中，我们对数控铣床的维护做了介绍，希望在今后的学习工作中，同学们能够按照机床保养的原则来使用和保养机床。

思考训练

1. 什么是输入/输出装置？
2. 机床输入/输出接口电路有什么作用？
3. 网络通信接口分几层？各层有什么作用？
4. 识别按键的方法是什么？
5. 数控铣床维护中，哪些是需要日检的？

项目七

数控铣床辅助装置的结构及维护

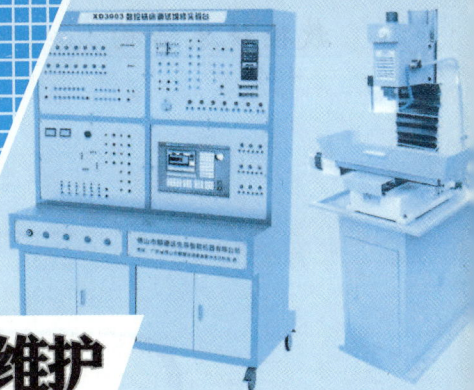

学习目标

知识目标：

1. 了解液压、气压传动的工作原理。
2. 掌握对液压和气动元件的维护保养方法。
3. 了解液压、气压系统的常见故障形式。
4. 了解分度头的分度方法及掌握其维护措施。

技能目标：

1. 读懂液压传动的原理图。
2. 能判断液压传动和气动传动故障的原因并提出解决方法。
3. 能够对辅助设备进行拆卸和再装配。
4. 能够正确选择维护工具、工装。

项目分析

数控铣床的一些必要的辅助装置，用以保证数控铣床的运行，如冷却、排屑、润滑、照明、监测等。它包括液压和气动装置、排屑装置、交换工作台、数控转台和数控分度头，还包括刀具及监控检测装置等。如图7-1所示部分数控铣床辅助装置。

|(a) 气泵|(b) 气动装置|(c) 润滑装置|

图7-1 数控铣床辅助元件

任务一 维护液压系统

一、液压传动的组成

液压系统利用液压泵将原动机的机械能转换为液体的压力能，通过液体压力能的变化来传递能量，经过各种控制阀和管路的传递，借助于液压执行元件(液压缸或马达)把液体压力能转换为机械能，从而驱动工作机构，实现直线往复运动或回转运动。其中的液体称为工作介质，一般为矿物油，它的作用和机械传动中的皮带、链条和齿轮等传动元件相类似。

在液压传动中，液压油缸就是一个最简单而又比较完整的液压传动系统，分析它的工作过程，可以清楚地了解液压传动的基本原理。

1. 液压系统的组成

液压系统主要由动力元件（油泵）、执行元件（油缸或液压马达）、控制元件（各种阀）、辅助元件和工作介质等部分组成，如图7-2所示。

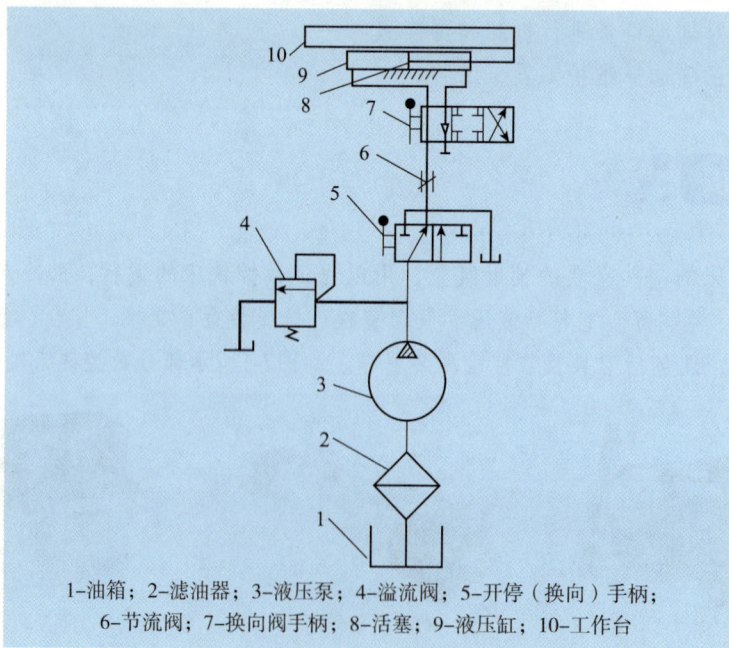

1-油箱；2-滤油器；3-液压泵；4-溢流阀；5-开停（换向）手柄；
6-节流阀；7-换向阀手柄；8-活塞；9-液压缸；10-工作台

图7-2　机床工作台液压系统的图形符号图

（1）动力元件。它的作用是将原动机的机械能转换成液体压力能，是液压传动中的动力部分。

（2）执行元件。它是将液体的液压能转换成机械能。其中，油缸做直线运动，马达做旋转运动。

（3）控制元件。包括压力阀、流量阀和方向阀等。它们的作用是根据需要无级调节液动机的速度，并对液压系统中工作液体的压力、流量和流向进行调节控制。

（4）辅助元件。除上述三部分以外的其他元件，包括压力表、滤油器、蓄能装置、冷却器、管件及油箱等，它们同样十分重要。

（5）工作介质。工作介质是指各类液压传动中的液压油或乳化液，它经过液压泵和液压缸实现能量转换。

2. 液压传动的特点

（1）液压传动与其他传动方式相比，具有以下优点：

①体积小、重量轻。同功率液压马达的重量只有电动机的10%～20%，因此惯性力较小，当突然过载或停车时，不会发生大的冲击；

②能在给定范围内平稳地自动调节牵引速度，并可实现无级调速，调速范围最大可达1∶2000(一般为1∶100)；

③换向容易。在不改变电动机旋转方向的情况下，可以较方便地实现工作机构旋转和直线往复运动的转换；

④液压泵和液压马达之间用油管连接，在空间布置上彼此不受严格限制；

⑤由于采用油液为工作介质，元件相对运动表面间能自行润滑，磨损小，使用寿命长；

⑥操纵控制简便，自动化程度高；

⑦容易实现过载保护；

⑧液压元件实现了标准化、系列化、通用化，便于设计、制造和使用。

（2）液压传动的缺点：

①使用液压传动对维护的要求高，工作油要始终保持清洁；

②对液压元件制造精度要求高，工艺复杂，成本较高；

③液压元件维修较复杂，且需有较高的技术水平；

④液压传动对油温变化较敏感，这会影响它的工作稳定性。因此液压传动不宜在很高或很低的温度下工作，一般工作温度在–15~60℃范围内较合适。

⑤液压传动在能量转化的过程中，特别是在节流调速系统中，其压力大，流量损失大，故系统效率较低。

⑥由于液压传动中的泄漏和液体的可压缩性，使得这种传动无法保证严格的传动比。

综上所述，液压传动以其他传动方式无法比拟的优点，被广泛应用于机床、汽车、飞机、船舶、工程机械、塑料机械、试验机械、冶金机械和矿山机械等领域。例如，工程机械中的液压挖掘机，其大臂的屈伸、挖斗的开闭都是由液压缸控制的。

二、液压元件

液压文件包括动力元件、控制元件、执行元件和辅助文件。动力元件指的是各种液压泵，控制元件指的是各种阀，执行元件指的是各种液压缸，辅助元件是除了动力元件、执行元件、控制元件以外的其他元件，由于比较琐碎，这里就不再介绍。

1. 液压泵

液压泵由发动机或电动机驱动，从液压油箱中吸入油液，形成压力油排出，送至执行元件。它是将电动机输出的机械能转换为液体压力能的能量转换装置。

液压泵的正常工作条件是：

（1）应具有密封容积。

（2）密封容积可以变化。

（3）应有配流装置。

（4）吸油过程中油箱必须和大气相通。

液压泵按结构分为齿轮泵、柱塞泵、叶片泵和螺杆泵。

典型的齿轮泵的结构原理如图7-3所示，典型的叶片泵的结构原理如图7-4所示。当原动机驱动泵转动时，泵吸油侧的密封工作腔容积增大，完成吸油工作；泵排油腔的密封工作腔容积变小，完成排油工作。

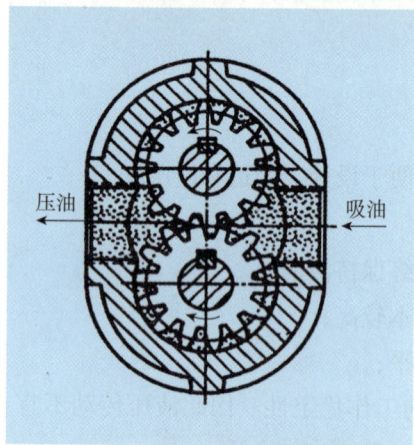

图7-3　典型齿轮泵结构原理图

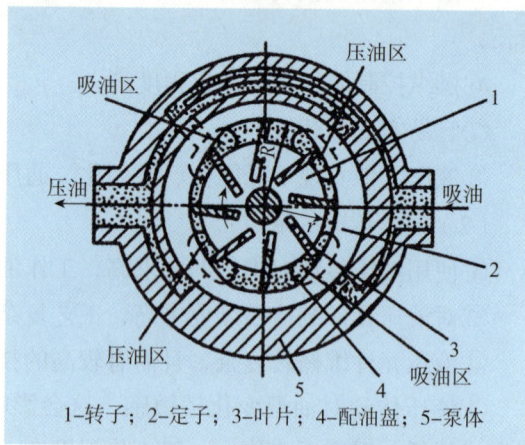

1-转子；2-定子；3-叶片；4-配油盘；5-泵体

图7-4　典型叶片泵结构原理图

如图7-5所示为典型的轴向柱塞泵的结构和工作原理图。缸体上沿圆周均匀分布7~9个轴向排列的柱塞，柱塞可以在其中灵活滑动，由缸孔和柱塞构成密封工作腔。柱塞在跟随缸体自上而下回转时被斜盘推入缸体，使密封工作腔容积不断减小，经配油盘的配油窗口将油液压出。缸体旋转一周，每个柱塞往复运动一次，完成一次吸油和压油。

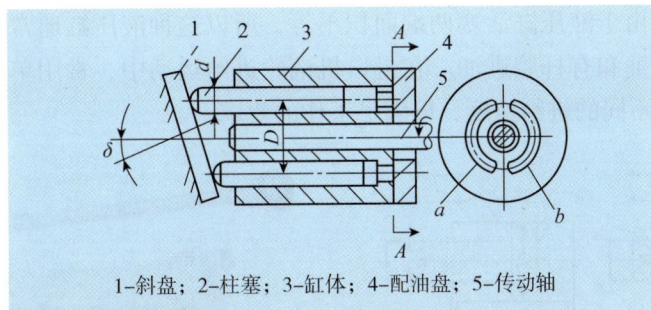

1–斜盘；2–柱塞；3–缸体；4–配油盘；5–传动轴

图7-5　典型轴向柱塞泵的结构和工作原理

齿轮泵、叶片泵和柱塞泵的性能比较见表7-1。

表7-1　液压泵性能比较

性能	齿轮泵	叶片泵	柱塞泵
最高输出压力	较低（21MPa）	较高	最高
工作效率	较低	较高	最高
油液黏度的影响	影响较大	影响不大	影响最小
转速	较低	较高	不高
维修保养适应性	拆装较困难	拆装容易，好维修	现场维修非常困难
运转声	较小	较小	较大
价格	便宜	比较高	价格最高

2. 液压缸

液压缸是将油液的压力能转化为机械能并输出直线运动的执行元件。在液压系统中多使用活塞式液压缸，这类液压缸结构简单，工作可靠，应用广泛。活塞式液压缸分为单出杆液压缸和双出杆液压缸两类。

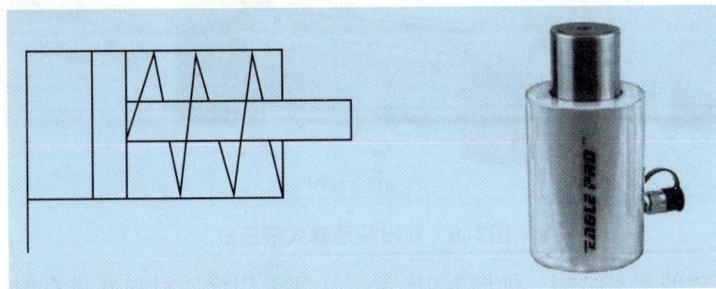

图7-6　单作用液压缸

单出杆液压缸又可分为单作用液压缸和双作用液压罐。如图7-6所示为单作用液压缸，此类液压缸只能在一个方向供给动力，即液压缸一腔通压力油向前移动，返回时靠外力或弹簧力复位。如图7-7所示为双作用液压缸，双作用液压缸可在两个运动方向上传递动力，由于液压缸活塞两端面积不等，所以这种液压缸通常具有两种连接方式，即无杆腔进油和有杆腔进油。在封口机滚轮进给运动中，常用单出杆液压缸的不同连接方式获得不同的进给速度，以满足工作的要求。

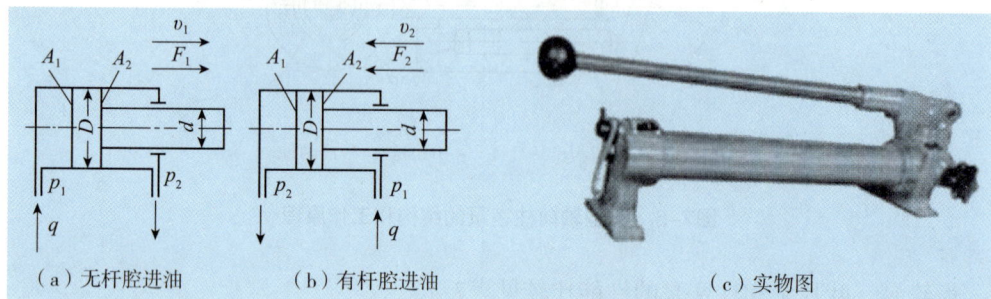

（a）无杆腔进油　　（b）有杆腔进油　　（c）实物图

图7-7　单出杆活塞双作用液压缸

如图7-8所示为双出杆液压缸，此液压缸两端都有活塞杆，通常两端活塞杆直径相等，因此它的左、右腔活塞的有效工作面积也相等。当分别向两腔通入压力油时，如果压力、流量都相同，则液压缸左、右两个方向输出的推力和运动速度都是一样的。这种液压缸有两种不同的安装形式，如图7-8（a）、图7-8（b）所示，因安装形式不同，其工作活动范围的大小也不同。当缸体固定时，其工作范围为有效行程的3倍；而当活塞杆固定时，其工作范围为有效行程的2倍。

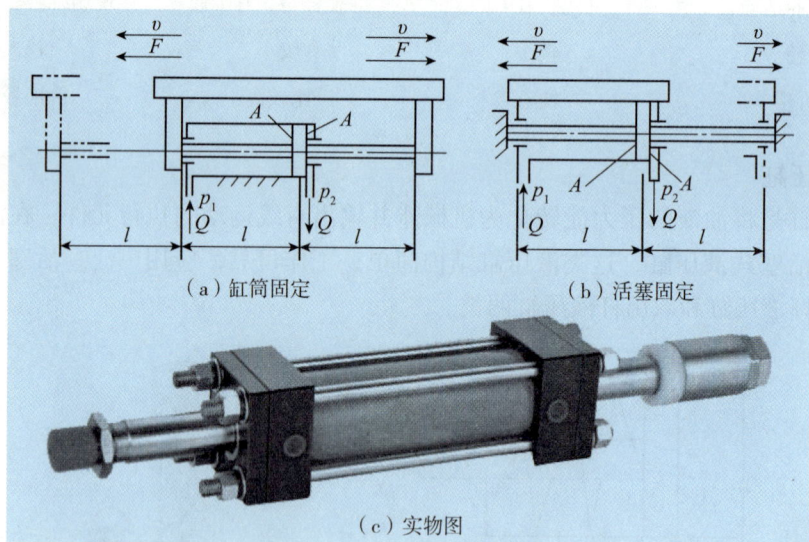

（a）缸筒固定　　　　　　（b）活塞固定

（c）实物图

图7-8　双出杆活塞式液压缸

常用液压缸的基本结构，如图7-9所示。活塞采用优质材料并具有很低的表面粗糙度，以保证在最小速度和最低压力时运动自如；液压缸各部件具有足够的刚性和良好的密封性，以满足最大进给力的要求。液压缸还设有排气装置，以排出液压缸中存留的气体；液压缸的端盖内设有缓冲装置，以防止液压缸在带动较大惯性负载运行到行程终点时产生较大的冲击。

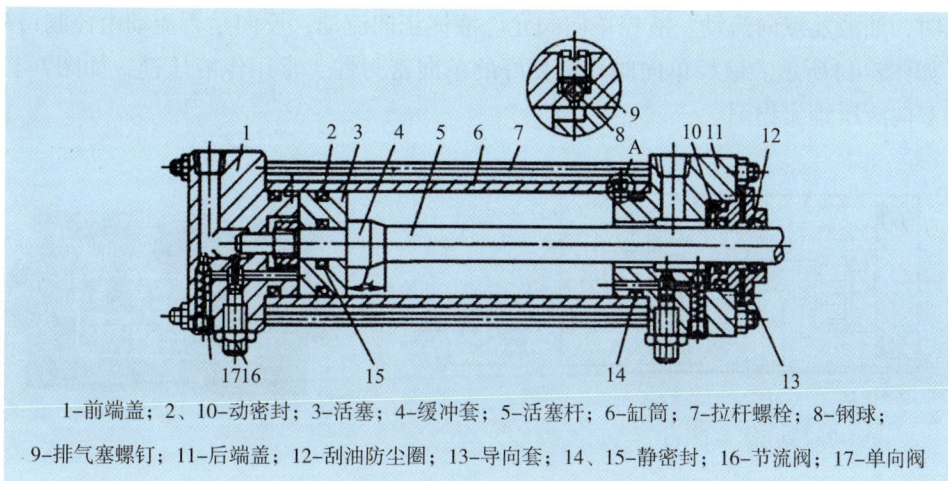

1—前端盖；2、10—动密封；3—活塞；4—缓冲套；5—活塞杆；6—缸筒；7—拉杆螺栓；8—钢球；
9—排气塞螺钉；11—后端盖；12—刮油防尘圈；13—导向套；14、15—静密封；16—节流阀；17—单向阀

图7-9　液压缸的基本结构

3. 液压阀

液压阀是一种受压力油控制的自动化元件，通常与电磁配压阀组合使用，可用于远距离控制水电站油、气、水管路系统的通断。常用于夹紧、控制、润滑等油路。有直动型与先导型之分，多用先导型。

（1）液压阀按控制方法分为手动、电控、液控；按功能分为流量阀（液压传动中用来控制液体流量的元件）、压力阀（液压传动中用来控制液体压力的元件）、方向阀（液压传动中用来控制液体通、断和流向的元件），如图7-10所示；按安装连接方式分为板式阀、管式阀、叠加阀、螺纹插装阀。

（a）压力控制阀　　　　　　（b）流量控制阀　　　　　　（c）方向控制阀

图7-10　各种液压阀

（2）方向阀。方向阀是控制液压系统中油液流动的方向或液流的通与断。方向阀按用途分单向阀和换向阀两种。

①单向阀。只允许流体在管道中单向接通，反向即切断。单向阀分普通单向阀和液控单向阀。普通单向阀指只允许油液按一个方向流动，不能反向流动。普通单向阀常被安装在泵的出口，以防止压力冲击影响泵的正常工作，以及防止泵不工作时系统油液倒流。液控单向阀指当控制口不通压力油时，油液只能单向流动；当控制口通压

力油时，油液能双向流动。液控单向阀允许液体正向流动，反向是否流动由控制口K控制，如图7-11所示。液控单向阀具有良好的单向密封性，常用作液压锁，如图7-12所示为双向液压锁实物图。

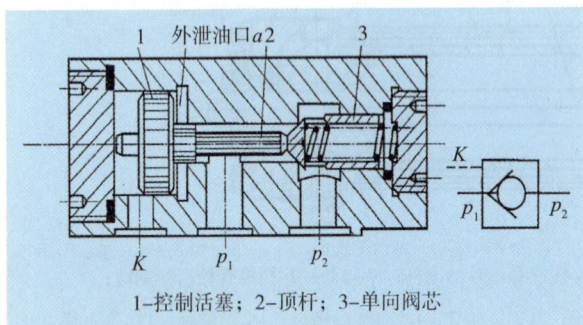

1-控制活塞；2-顶杆；3-单向阀芯

图7-11　液控单向阀　　　　　　　图7-12　双向液压锁

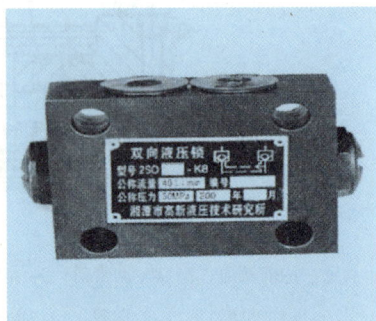

②换向阀。换向阀是具有两种以上流动形式和两个以上油口的方向控制阀，是实现液压油流的沟通、切断和换向，以及压力卸载和顺序动作控制的阀门。利用阀芯和阀体的相对运动，使油路接通、关断或变换油流的方向，从而实现液压执行元件及其驱动机构的启动、停止或变换运动方向。当控制口不通压力油时，油液只能单向流动，当控制口通压力油时，油液能双向流动。

按阀芯工作时在阀体中所处的位置和换向阀所控制的通路数可分为二位三通、二位四通、三位四通、三位五通换向阀等，如表7-2所示；按阀的操作方式分为手动、机动、电动、液动、电液动换向阀五种。按阀的安装方式分为管式（亦称螺纹式）换向阀、板式换向阀和法兰式换向阀等；按阀的结构形式分为滑阀式换向阀、转阀式换向阀和锥阀式换向阀等。

表7-2　部分换向阀符号

名　称	符　号
二位三通	
二位四通	
二位五通	

（3）压力阀。压力阀是控制油液压力高低或利用压力变化实现某种动作的阀。常见的压力控制阀按功用分为溢流阀、顺序阀和减压阀。

①溢流阀。其主要作用是定压溢流或限压保护，常分为直动式和先导式两种。直动式溢流阀依靠压力油直接作用在阀芯上而与弹簧力相平衡，以控制阀芯的启闭动作，其最大调整压力为2.5MPa。先导式溢流阀由先导阀和主阀两部分组成，由先导阀控制主阀的开启压力，主阀控制主油路溢流的开口。这种阀是利用主阀芯两端的压力差所形成的作用力和弹簧力相平衡原理来进行压力控制的，中压阀的调整压力为6.3MPa。

②减压阀。其作用是用来降低液压系统中某一回路的油液压力（出口压力低于进口压力），从而用一个油源就能同时提供两个或几个不同压力的输出，也有用在回路中串接一减压阀来保证回路压力稳定。减压阀有直动式和先导式两种，一般采用先导式。先导式减压阀由先导阀调压，主阀减压，随出口压力的变化，利用主阀芯两端的压力差所形成的作用力和弹簧力相平衡原理，利用油液流经缝隙时的液阻降压，中压阀的调整压力为6.3MPa。减压阀一般串联在分支油路上，常开态，外泄油方式。

③顺序阀。其作用是利用油路中压力的变化控制液压系统中各执行元件动作的先后顺序。按工作原理和结构分为直动式和先导式两类；按压力控制方式分为内控顺序阀和外控顺序阀。在顺序阀中装上单向阀，能通过反向液流的复合阀称为单向顺序阀，这种阀使用较多。

顺序阀的主要作用如下：

① 控制多个元件的顺序动作；

② 用于保压回路；

③ 防止因自重引起油缸活塞自由下落而做平衡阀用；

④ 用外控顺序阀做卸荷阀，使泵卸荷；

⑤ 用内控顺序阀作背压阀。

液控顺序阀阀芯底部的控制油液从控制口K引入，阀口的启闭与阀的主油路进出口压力无关，只取决于控制口K引入油液的控制压力。当该阀的出油口与油箱连通，即可作卸荷阀用。

溢流阀、减压阀和顺序阀的比较见表7-3。

表7-3　溢流阀、减压阀和顺序阀比较

	溢流阀	减压阀	顺序阀
控制压力	从阀的进油端引压力油去实现控制	从阀出油端引压力油去实现控制	从进油端或从外部油源引压力油控制
连接方式	连接溢流阀的油路与主油路并联；阀出口直接通油箱	串联在减压回路上，出口油到减压油路去工作	并联在主油路上出口到工作系统
回油方式	内部回油	外泄回油	外泄回油
阀芯状态	原始状态一般为常闭	原始状态是常开的，工作状态中阀口微开	原始状态是常闭的，工作状态中阀口常开

三、液压传动的维护

液压系统的工作效果与设计、制造、安装、调试使用和维护等环节直接有关，如果能科学地、合理地完成上述环节，液压系统就能充分发挥其工作效益，减少故障，延长使用寿命。

1. 选择适合的液压油

液压油在液压系统中起着传递压力、润滑、冷却、密封的作用，液压油选择不恰当是液压系统早期故障和耐久性下降的主要原因。应按随机使用说明书中规定的牌号选择液压油，特殊情况需要使用代用油时，应力求其性能与原牌号性能相同。不同牌号的液压油不能混合使用，以防液压油产生化学反应，性能发生变化。深褐色、乳白色、有异味的液压油是变质油，不能使用。

2. 防止固体杂质混入液压系统

清洁的液压油是液压系统的生命。液压系统中有许多精密偶件，有的有阻尼小孔、有的有缝隙等。若固体杂质进入液压系统将造成精密偶件拉伤、油道堵塞等，危及液压系统的安全运行。一般固体杂质进入液压系统的途径有液压油不洁；加油工具不洁；加油和维修、保养不慎；液压元件脱屑等方式。可以从以下几个方面防止固体杂质进入系统：

（1）加油时液压油必须过滤加注，加油工具应可靠清洁。不能为了提高加油速度而去掉油箱加油口处的过滤器。加油人员应使用干净的手套和工作服，以防固体杂质和纤维杂质掉入油中。

（2）保养时拆卸液压油箱加油盖、滤清器盖、检测孔、液压油管等部位要先彻底清洁后才能打开。如拆卸液压油箱加油盖时，先除去油箱盖四周的泥土，拧松油箱盖后，清除残留在接合部位的杂物（不能用水冲洗以免水渗入油箱），确认清洁后才能打开油箱盖。如需使用擦拭材料和铁锤时，应选择不掉纤维杂质的擦拭材料和击打面附着橡胶的专用铁锤。液压元件、液压胶管要认真清洗，用高压风吹干后组装。选用包装完好的正品滤芯。换油时同时清洗滤清器，安装滤芯前应用擦拭材料认真清洁滤清器壳内底部的污物。

3. 液压系统的清洗

清洗油必须使用与系统所用牌号相同的液压油，油温在45~80℃之间，使用大流量尽可能将系统中杂质带走。液压系统要反复清洗三次以上，每次清洗完后，趁油热时将其全部放出系统。清洗完毕再清洗滤清器、更换新滤芯后加注新油。

4. 防止空气入侵液压系统

在常压常温下液压油中含有容积比为6%~8%的空气，当压力降低时空气会从油中游离出来，气泡破裂产生噪声，使液压元件"气蚀"。大量的空气进入油中将使"气蚀"现象加剧，液压油压缩性增大，工作不稳定，降低工作效率，执行元件出现"爬行"等不良后果。另外，空气还会使液压油氧化，加速油的变质。防止空气入侵应注意以下几点：

（1）维修和换油后要按随机使用说明书规定排除系统中的空气，才能正常作业。

（2）液压油泵的吸油管口不得露出油面，吸油管路必须密封良好。

（3）油泵驱动轴的密封应良好，要注意更换该处油封时应使用"双唇"正品油封，不能用"单唇"油封代替，因为"单唇"油封只能单向封油，不具备封气的功能。例如，有一台柳工ZL50装载机大修后，液压油泵出现连续"气蚀"噪声、油箱油位自动升高等故障，经查询液压油泵修理过程，发现为液压油泵驱动轴的油封误用"单唇"油封所致。

5. 防止水入侵液压系统

油中含有过量水分，会使液压元件锈蚀、油液乳化变质、润滑油膜强度降低，加速机械磨损。

除了维修保养时要防止水分入侵外，还要注意储油桶不用时，要拧紧盖子，最好倒置放置；含水量大的油要经多次过滤，每过滤一次要更换一次烘干的滤纸，在没有专用仪器检测时，可将油滴到烧热的铁板上，没有蒸气冒出并立即燃烧方能加注。

6. 作业中注意事项

机械作业要柔和平顺，避免粗暴，否则必然产生冲击负荷，使机械故障频发，大大缩短使用寿命。作业时产生的冲击负荷，一方面使机械结构件磨损、断裂、破碎，另一方面使液压系统中产生冲击压力，冲击压力又会使液压元件损坏、油封和高压油管接头与胶管的压合处过早失效漏油或爆管、溢流阀频繁动作油温上升。例如，某单位曾新购一台UH171正铲挖掘机，作业中每隔4~6天斗门油管就要漏油或爆裂，油管是随机进口的正品，经检测没有质量问题。通过现场观察，发现为斗门开、闭时强烈撞击限位块、门框所致。要有效地避免产生冲击负荷：必须严格执行操作规程；液压阀开、闭不能过猛过快；避免使工作装置构件运动到极限位置产生强烈撞击；没有冲击功能的液压设备不能用工作装置（如挖掘机的铲斗）猛烈冲击作业对象以达到破碎的目的。另外，操作人员操作机械要保持稳定。

7. 日常保养

（1）日检。其主要项目包括液压系统、主轴润滑系统、导轨润滑系统、冷却系统、气压系统。日检就是根据各系统的正常情况来加以检测。例如，当进行主轴润滑系统的过程检测时，电源灯应亮，油压泵应正常运转，若电源灯不亮，则应保持主轴处于停止状态，进行维修。

（2）周检。其主要项目包括机床零件、主轴润滑系统，应该每周对其进行正确的检查，特别是对机床零件要清除铁屑，进行外部杂物清扫。

（3）月检。主要是对电源和空气干燥器进行检查。电源电压在正常情况下额定电180~220V，频率50Hz，如有异常，要对其进行测量、调整。空气干燥器应该每月拆一次，然后进行清洗、装配。

（4）季检。季检主要从机床床身、液压系统、主轴润滑系统三方面进行检查。例如，对机床床身进行检查时，主要看机床精度、机床水平是否符合手册中的要求，如有问题，应马上和机械工程师联系。对液压系统和主轴润滑系统进行检查时，如有问题，应分别更换新油60L和20L，并对其进行清洗。

（5）半年检。半年后，应该对机床的液压系统、主轴润滑系统以及X轴进行检查，如果出现毛病，应该更换新油，然后进行清洗工作。

8. 液压补充的异常现象处理

全面熟悉及掌握预防性维护知识后，还必须对滚压系统异常现象的原因与处理有更深的了解。主要应从三方面加以考虑：

（1）油泵不喷油。主要原因可能有油箱内液面低、油泵反转、转速过低、油黏度过高、油温低、过滤器堵塞、吸油管配管容积过大、进油口处吸入空气、轴和转子有破损处等。针对主要原因要有相应的解决方法，例如，注满油、确认标牌等。

（2）压力不正常。即压力过高或过低。其主要原因也是多方面的，如压力设定不适当、压力调节阀线圈动作不良、压力表不正常、油压系统有漏等。相应的解决方法有按规定压力设置拆开清洗、换一个正常压力表、按各系统依次检查等。

（3）有噪声。噪声主要是由油泵和阀产生的。当阀有噪声时，其原因是流量超过了额定标准，应该适当调整流量；当油泵有噪声时，其原因及其相应的解决办法也是多方面的，如油的黏度高、油温低，解决方法为升高油温；油中有气泡时，应放出系统中的空气等。

9. 保养程序

对液压系统进行定期维护与保养检查要比出现故障后再进行维修更经济。在液压系统经过一定的工作时间以后，对系统要进行定期预防性保养并对重要密封材料进行定期更换。为防止遗漏，建议按照油液流动方向进行保养。保养程序为：

（1）油箱：油面必须正确，油必须是规定类型并且具有相应的黏度。对于大型系统，可进行定期油样分析，确认油液是否能继续使用。

（2）吸油管路：必须检查损坏及严重弯曲情况，它会减少油管的通径，成为噪声源。

（3）油泵：检查轴的密封和其他漏油情况。

（4）压力油管：压力端的不同油路应沿油液流动方向逐个检查，不应存在泄漏。

（5）控制部分：主要检查阀接口处的泄漏情况。

（6）回油管路及过滤器：应检查它们的泄漏情况，过滤器必须检查，如没有污染指示，需将过滤器取出，检查是否需要清洗或更换。

（7）执行元件：需检查泄漏情况。

（8）辅件和附件：检查工作情况。

（9）电气部分：定期检查电动机接线部分的连接。

液压系统初次使用三月后应更换一次液压油，以后每隔半年更换一次，以保证系统的正常运行。液压系统在运行过程中，应随时检查滤油器阻塞情况并及时清洗或更换滤芯。液压系统平时应常备易损件及元、辅件备件，以便及时处理故障。冬季室内油温未达到25℃时，不可进行顺序动作，夏季油温高于60℃时，要注意系统的工作状况，并通知维修人更员进行处理。停机4小时以上的设备，应先使泵空载运转5分钟，再启动执行机构工作。不能任意调整电控系统的互锁装置、损坏或任意移动各限位挡块的位置。

设备若长期不用，应将各调节旋钮全部放松，防止弹簧产生永久变形和影响元件的性能。

经常性的维护保养是十分重要的工作。定期对液压系统的元件、辅件进行检查，可以使液压设备能够长期保持要求的工作状态和避免某些重大故障的发生，当液压系统出现故障时，不准擅自乱动，应立即通知维修部门分析原因并排除故障。

想一想

液压元件还有哪些？它们都有什么作用？

任务二 维护气动系统

一、气动系统的组成

气压传动系统的工作原理是利用空气压缩机将电动机或其他原动机输出的机械能转变为空气的压力能，然后在控制元件的控制和辅助元件的配合下，通过执行元件将空气的压力能转变为机械能，从而完成直线或回转运动并对外做功，如图7-13所示。

气动元件主要由气源设备和处理元件、气动控制元件、气动执行元件和气动辅助元件等部分组成。

一个典型的气动系统由空压机、后冷却器、气罐、主路过滤器、干燥机、三联件、控制阀、调速阀、执行件组成。

空压机是气动系统的动力源；后冷却器用于降低空压机产生的压缩空气的温度；气罐用于稳压，储能；主路过滤器用于过滤压缩空气中的杂质；干燥机用于除去压缩空气中的水；控制阀是对压缩空气进行方向控制；调速阀对压缩空气进行速度控制；三联件是进一步过滤除杂，进行使用端压力调节和给油润滑（无油润滑系统中不使用）；执行件是将压力输出为机械动作。

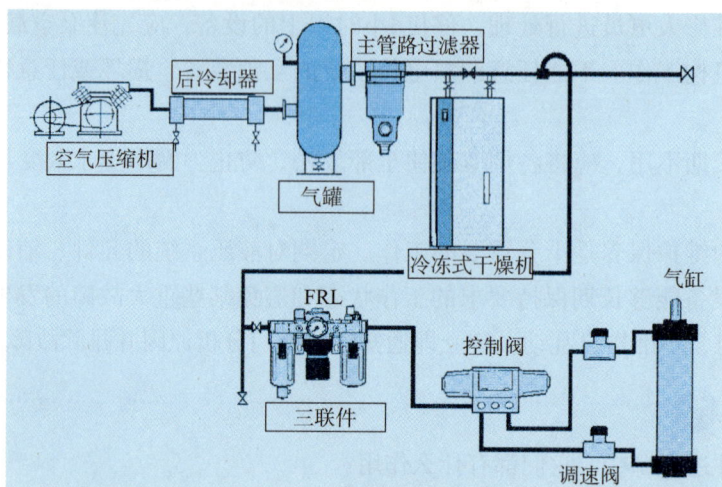

图7-13 气动系统构成

气动技术与其他的传动和控制方式（如机械方式、电气方式、电子方式、液压方式）相比，优点如下：

（1）气动装置结构简单、轻便、安装维护简单，压力等级低、故使用安全。

（2）工作介质是取之不尽的空气，排气处理简单，不污染环境，成本低。

（3）输出力以及工作速度的调节非常容易。气缸的动作速度一般为50~500mm/s，比液压和电气方式的动作速度快。

（4）可靠性高，使用寿命长。电器元件的有效动作次数约为百万次，而SMC的一般电磁阀的寿命大于3000万次，小型阀超过2亿次。

（5）利用空气的压缩性，可贮存能量，实现集中供气。可短时间释放能量，以获得间歇运动中的高速响应。可实现缓冲，对冲击负载和过负载有较强的适应能力。在一定条件下，可使气动装置有自保持能力。

（6）全气动控制具有防火、防爆、防潮的能力。与液压方式相比，气动方式可在高温场合使用。

（7）由于空气流动损失小，压缩空气可集中供应，远距离输送。

二、气动元件和回路

气动元件比较多，而且还都比较琐碎，如图7-14所示为其中一部分气动元件。

1. 气源设备

它提供气压传动与控制的动力源，将电能转化为压缩空气的压力能，供气动系统使用，包括空压机、气罐。

（1）气体压缩机是气压发生装置的主要设备，其按结构主要分为叶轮型和容积型两大类。叶轮型是通过叶轮转动，产生压力；容积型是通过压缩封闭空间的空气来提高空气压力，在一般工厂中均使用容积型压缩机。

（2）气罐的作用是减小压缩机排气压力脉动，为瞬时大量耗气进行贮备，进一步分离压缩机空气中的水分和油分。当压缩机发生异常停机时，可用于对气动装置进行紧急处理。一般气动系统中使用的气罐多为立式，它用钢板焊接而成，并装有放泄过剩压力的安全阀、指示罐内压力的压力表和排放冷凝水的排水阀。气罐属于压力容器，应使用经有关监督部门检查并出具证明的合格产品。

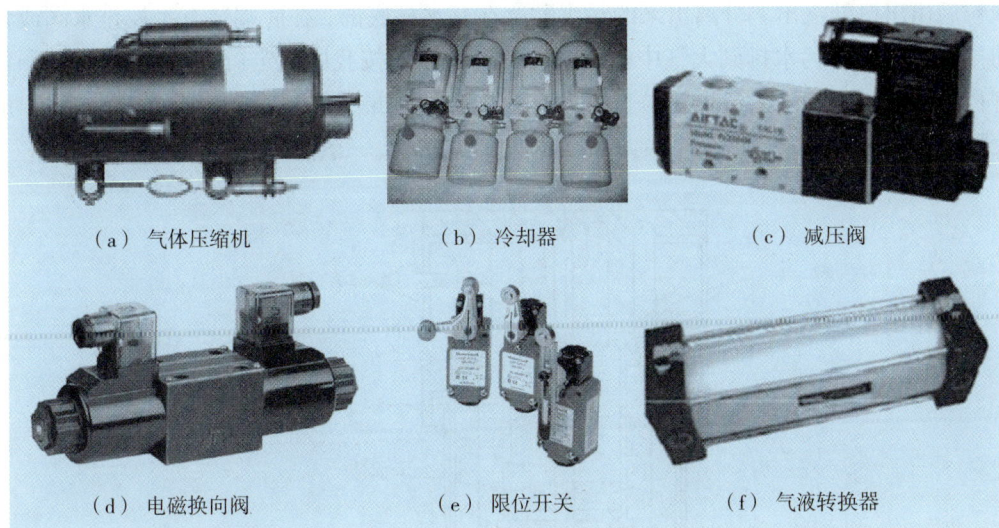

（a）气体压缩机　　　（b）冷却器　　　（c）减压阀

（d）电磁换向阀　　　（e）限位开关　　　（f）气液转换器

图7-14　气动元件

2. 气源处理元件

包括后冷却器、过滤器、干燥器和排水器。过滤器可清除压缩空气中的水分、油污和灰尘等，提高气动元件的使用寿命和气动系统的可靠性；干燥器可进一步清除压缩空气中的水分。

（1）后冷却器。为了防止气动装置内有冷凝水，应将压缩机排出的高温空气经冷却后产生的冷凝水分离出去。与气罐装在一起的小型压缩机只靠气罐的表面空气冷却进行水分离，大型压缩机要用后冷却器以分离水。后冷却器一般和压缩机采用同一冷却方式。空冷式后冷却器的结构与简单的翅片管汽车散热器一样，是通过驱动风扇旋转送风冷却的。水冷式结构使用列管式或蛇管式热交换器，通水进行冷却，生成的冷凝水用排水阀排出。

（2）干燥器。用于除去压缩空气中的水分，得到干燥空气的装置，根据除去水分的方法，有冷冻式、吸附式等。冷冻式干燥器用冷冻机强制冷却压缩空气，使水分凝结后分离出去。由图7-13可知，进入的压缩空气先在空气预冷却器中靠已除湿的干冷空气预先冷却，然后进入冷却室，被氟利昂气体冷却到2~5℃以除湿。最后，冷凝变成的水滴被自动排水器排走，而除湿后的冷空气进入预冷却器，被由入口进来的暖空气加热，其湿度降低后由出口输出。冷却室内冷冻螺旋管外周如挂满油污和灰尘，将使冷却效率大为降低，因此在干燥器前应装有除去灰尘和油污的过滤器。

（3）过滤器。来自气压发生装置的空气中含有水分、灰尘等，为了防止其进入气动控制回路，在入口处设置空气过滤器。典型的空气过滤器如图7-15所示。由入口进入的压缩空气通过旋风叶片使气流产生旋转运动，旋风效应使较大的游离水滴和灰尘等杂质撞击到存水杯内壁上并沿壁面落到存水杯的底部。这样，大部分杂质都被除去，压缩空气再经过由烧结金属（或合成树脂）制成的有无数微孔的滤芯，进一步除去微细的灰尘颗粒后由出口处流出。分离出来的污水贮存在存水杯底部，在底端装有手控排水阀或自动排水阀，可将污水排到大气中去。滤芯的过滤精度按我国规定可分为1级（最大颗粒直径为0.1μm）、2级（最大颗粒直径为1μm）、3级（最大颗粒直径为5μm）、4级（最大颗粒直径为40μm）和5级（最大颗粒直径为75μm）。一般使用最多的是3级和4级。

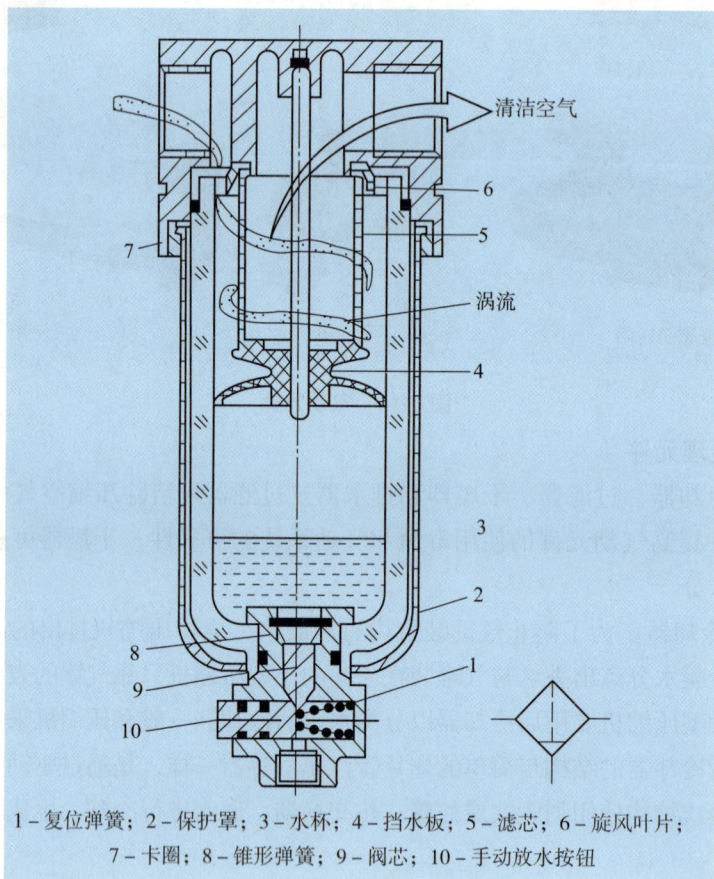

1-复位弹簧；2-保护罩；3-水杯；4-挡水板；5-滤芯；6-旋风叶片；
7-卡圈；8-锥形弹簧；9-阀芯；10-手动放水按钮

图7-15　空气过滤器

3. 气动控制元件

控制元件按作用和功能分为压力控制阀、方向控制阀和流量控制阀三类。

（1）压力控制阀。包括增压阀、减压阀、安全服、顺序阀、压力比例阀、真空发生器。

（2）方向控制阀。包括电磁换向阀、气控换向阀、人控换向阀、机控换向阀、单向阀等。

（3）流量控制阀。包括速度控制阀、缓冲阀、快速排气阀。

4.气动执行元件

（1）气缸。气缸是将气体压力能转变为机械能，实现直线运动的执行器，广泛应用于气动机械中的夹紧、送料等场合。气缸具有结构简单、维修方便、运动速度快等特点，与其他能源的执行器相比，更多地被用在自动化机械中。通常气缸采用压力为0.4MPa至0.6MPa的气源，因而其输出力不可能很大，同时又由于空气介质有压缩性，受外界负载变化的影响较大，所以在需要精确的速度控制、减少负载变化对运动的影响时，常与液压缸配合组成气——液阻尼缸使用。

（2）摆动气缸。摆动气缸是利用压缩空气驱动输出轴在一定角度范围内做往复回转运动的启动执行元件。用于物体的转位、翻转、分类、夹紧、阀门的开闭以及机器人的手臂动作等。

（3）气动马达。气动马达是实现连续回转运动的气动执行元件，是一种将压缩空气的压力能转换成回转机械能的能量转换装置，其作用相当于电动机或液压马达，它输出转矩、驱动执行机构做旋转运动。常见的气动马达有叶片式和活塞式两种。气动马达工作安全，具有防爆性能，适用于恶劣的环境；具有过载保护作用；可以无级调速；可长期满载工作，而温升较小；比同功率的电动机轻1/3～1/10，输出功率惯性比较小。

5.气动辅助元件

除了气源设备、处理元件、气动控制元件和气动执行元件外的其他元件称为辅助文件，包括油雾器、集中润滑元件、消声器、接头与气管、液压缓冲器、气液转换器、磁性开关、限位开关、压力开关、气动传感器等。

三、气动系统维护保养

气动系统各种气动元件通常都有其耐久性指标，通过此指标可大致估算出其正常使用条件下的寿命。但是一台气动设备如不进行预防性维护保养，就会过早损坏或频繁发生故障，使设备寿命大大降低。为此企业应制定气动系统及装置的维护保养管理规范，通常要参照气动设备和元件制造商提供的说明书和其他数据编制气动系统维护保养检修表并由专人负责。维护保养工作的中心任务是保证供给气动系统清洁干燥的压缩空气；保证气动系统的密封性；保证需要油雾润滑的元件得到必要的润滑；保证气动控制元件及系统在规定的工作条件下工作，气动执行元件按预定的要求工作。

在维护保养中，规定完成检查和维护保养的间隔时间非常重要。维护工作可以分为经常性的维护工作和定期的维护工作。维护工作应有纪录，以便于日后的故障诊断和处理。

1.日常维护

日常维护是每日必须进行的维护工作，主要任务是冷凝水排放、检查润滑油和压缩空气供气及净化处理系统的管理。冷凝水是造成系统失效的一大因素，冷凝水的排放涉及整个气动系统，从空压机、后冷却器、储气罐、主管过滤器、干燥机、主气管路、自动排水器到设备进气端过滤器。在湿度较大的季节如梅雨季节，每天气动设备运转前及作业结束后，都应将以上环节的冷凝水排放掉。在这方面，自动排水装置可大大简化维护保养工作。检查系统的润滑情况，主要是检查油雾器的滴油速度与滴油流量的关系是否符合要求，油色是否正常，有无杂质和水分混入。压缩空气供气及净化处理系统的日常管理，主要是检查空压机运转是否有异常声音及发热，润滑油是否不足或很脏，吸气过滤器是否堵塞，空压机的压力设定值及干燥机工作是否正常等。

2. 定期维护

定期维护一般指每周、每月或每季度进行的维护工作。其主要工作是进行漏气检查和对油雾器进行管理，以便早期发现故障的隐患。因漏气引起的压缩空气损失会引起不必要的能源消耗而造成很大经济损失。因此，针对泄漏这种情况至少应每周检查一次供气系统，任何存在泄漏的地方都应立即进行修补。检查应在白天车间休息的空闲时间或下班后进行，因为气动装置停止工作后，车间内噪音小，但管道内还有一定的压缩空气，根据漏气的声音便可发现漏气部位。采用肥皂水或专门的喷雾试剂可以很方便地将微小空气泄漏检测出来，并能精确定位，因为在微弱泄漏空气处，可以产生清晰可见的泡沫。表7-4所列为经常出现泄漏的部位和原因。

表7-4 泄漏的部位和原因

泄漏的部位	泄漏原因
管道与接头	配管连接部分密封不良、接头松动
软管	软管破裂或脱落
空气过滤器的排水阀	污物嵌入
空气过滤器的集水杯	水杯龟裂
减压阀本体	密封件失效、弹簧松弛、螺钉松动
减压阀溢流孔	模片破裂、阀杆动作不正常(恒量排气式减压阀允许溢流孔有微漏)
油雾器本体	密封垫失效
油雾器调节针阀	针阀未紧固、阀座损伤
油雾器储油杯	储油杯龟裂
气缸本体	密封圈磨损、老化、活塞杆有偏心或损伤、螺钉松动、活塞杆与密封之间有脏物嵌入
换向阀阀体	密封圈损坏、螺钉松动
换向阀排气口泄漏	密封不良、润滑不善、弹簧断裂或损伤、灰尘浸入 快排阀排气口密封件损坏、灰尘浸入
安全阀出口侧	弹簧折断或弹簧力减弱、密封圈损坏、灰尘浸入 单向阀逆流泄漏密封不良、灰尘浸入
单向阀逆流泄漏	密封不良、灰尘浸入

任务三 维护分度头

一、分度头的组成

分度头是用卡盘或用顶尖和拨盘夹持工件并使之回转和分度定位的机床附件，利用分度刻度环和游标、定位销和分度盘以及交换齿轮，将装卡在顶尖间或卡盘上的工件分成任意角度，可将圆周分成任意等份，辅助机床利用各种不同形状的刀具进行各种沟槽、正齿轮、螺旋正齿轮、阿基米德螺线凸轮等的加工工作。分度头主要用于铣床，也常用于钻床和平面磨床，还可放置在平台上供钳工画线用。

1. 分度头的分类

按其传动、分度形式可分为蜗杆副分度头、度盘分度头、孔盘分度头、槽盘分度头、端齿盘分度头和其他分度头（包括电感分度头和光栅分度头），按其功能可分为万能分度头、半万能分度头、等分分度头，按其结构形式分为立卧分度头、可倾分度头、悬梁分度头，按其精度分为数控分度头、普通分度头，如图7-16所示。

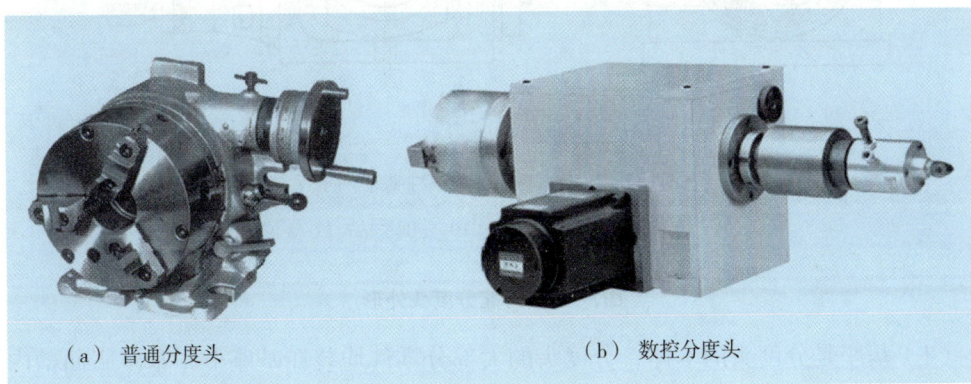

（a）普通分度头　　　　　　　　　（b）数控分度头

图7-16　分度头

数控分度头是数控铣床和立式加工中心等机床上的第四轴，是一种回转分度或者等分分度的机床附件。数控分度头是延续万能分度头的习惯叫法，功能等同于数控转台，一般采用气压锁紧方式。

数控分度头与相应的CNC控制装置或机床本身特有的控制系统连接，并与4～6MPa

的压缩空气接通，可自动完成对被加工件的夹紧、松开及任意角度的圆周分度工作，可立卧两用。采用数控分度头后，可大大提高劳动生产率及加工件的加工质量。

数控分度头是加工复杂产品的最佳辅助工具，它的作用如下：

（1）将工件安装成需要的角度，以便进行切削加工（如铣斜面等）。

（2）铣螺旋槽时，将分度头挂轮轴与铣床纵向工作台丝杠用"交换齿轮"连接后，当工作台移动时，分度头上的工件即可获得分度。

（3）用各种分度方法（简单分度、复式分度、差动分度）进行各种分度工作。

（4）数控分度头还可以跟独立分度头控制器一起完成工作，用分度头控制器控制数控分度头工作。

2.分度头的组成

分度头作为通用型机床附件其结构主要由夹持部分、分度定位部分和传动部分组成，以下以万用分度头为例说明分度头的结构和传动系统。万能分度头的外部结构如图7-17所示。

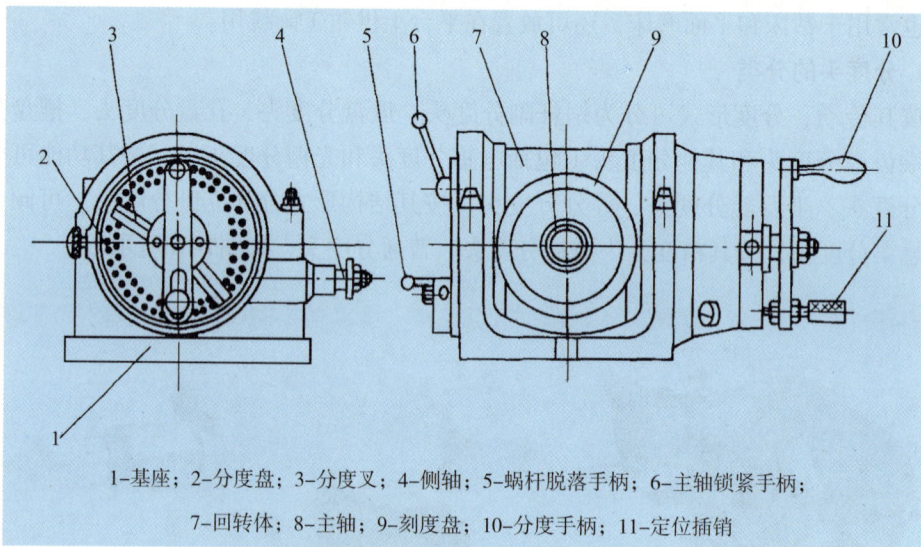

1-基座；2-分度盘；3-分度叉；4-侧轴；5-蜗杆脱落手柄；6-主轴锁紧手柄；

7-回转体；8-主轴；9-刻度盘；10-分度手柄；11-定位插销

图7-17 万能分度头外形

（1）基座是分度头的本体，分度头的大部分零件均装在基座上。基座底面槽内装有两块定位键，可与铣床工作台面上的（中央）T形槽相配合，以精确定位。

（2）分度盘（又称孔盘）套装在分度手柄轴上，盘上（正、反面）有若干圈在圆周上均布的定位孔，作为各种分度计算和实施分度的依据。分度盘配合分度手柄完成不是整转数的分度工作。不同型号的分度头都配有1或2块分度盘，FW250型万能分度头有2块分度盘，分度盘上孔圈的孔数见表7-5。

表7-5　分度盘孔圈的孔数

分度头形式		分度盘孔圈的孔数
带1块分度盘		正面：24, 25, 28, 30, 34, 37, 38, 39, 41, 42, 43
		反面：46, 47, 49, 51, 53, 54, 57, 58, 59, 62, 66
带2块分度盘	第1块	正面：24,25,28,30,34,37
		反面：38,39,41,42,43
	第2块	正面：46,47,49,51,53,54
		反面：57,58,59,62,66

分度盘左侧有一紧固螺钉，一般工作情况下分度盘由紧固螺钉固定；松开紧固螺钉，可使分度手柄随分度盘一起做微量的转动调整，或完成差动分度、螺旋面加工等。

（3）分度叉（又称扇形股）由两个叉脚组成，其开合角度的大小，按分度手柄所需转过的孔距数予以调整并固定。分度叉的功用是防止分度差错和方便分度。

（4）侧轴用于与分度头主轴间或铣床工作台纵向丝杠间安装交换齿轮，进行差动分度铣削螺旋面或直线移距分度。

（5）蜗杆脱落手柄用以脱开蜗杆与蜗轮的啮合，进行按刻度盘直接分度。

（6）主轴锁紧手柄通常用于在分度后锁紧主轴，使铣削力不致直接作用在分度头的蜗杆、蜗轮上，减少铣削时的振动，保持分度头的分度精度。

（7）回转体用于安装分度头主轴等的壳体形零件，主轴随回转体可沿基座1的环形导轨转动，使主轴轴线在-6°～90°的范围内做不同仰角的调整。调整时，应先松开基座上靠近主后端的两个螺母，调整后再予以紧固。

（8）主轴是一空心轴，前后两端均为莫氏4号锥孔（FW250型），前锥孔用来安装顶尖或锥度心轴，后锥孔安装挂轮轴，以便安装交换齿轮。主轴前端的外部有一段位锥体（短圆锥），用来安装三爪自定心卡盘的法兰盘。

（9）刻度盘固定在主轴的前端，与主轴一起转动。其圆周面上有0°～360°的刻线，在零分度时用来确定主轴转过的角度。

（10）分度手柄用于分度，摇动分度手柄，主轴按一定传动比回转。

（11）定位插销在分度手柄的曲柄的一端，可沿曲柄作径向移动调整到所选孔数的孔圈圆周，与分度叉配合准确分度。

3. 万能分度头的传动系统

万能分度头的传动系统如图7-18所示。分度时，从分度盘定位孔中拔出定位插销，转动分度手柄，手柄轴一起转动，通过一对齿数相同即传动比i=1的直齿圆柱齿轮，以及传动比为40∶1的蜗杆蜗轮副，使分度头主轴带动工件转动实现分度。

此外，右侧的侧轴通过一对传动比为1∶1的交错轴传动的斜齿圆柱齿轮与空套在手柄轴上的分度盘相连，当侧轴转动时，带动分度盘转动，用以进行差动分度或铣削螺旋面。

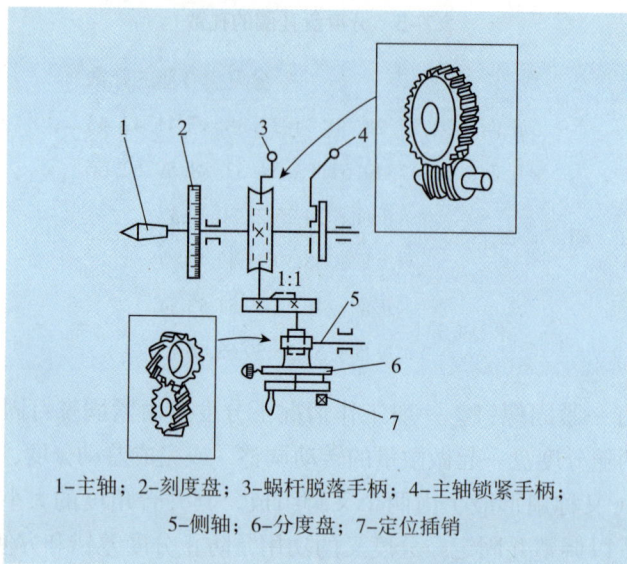

1-主轴；2-刻度盘；3-蜗杆脱落手柄；4-主轴锁紧手柄；

5-侧轴；6-分度盘；7-定位插销

图7-18　万能分度头的传动系统

二、分度头的分度方法

数控分度头的驱动电动机是步进电动机或者伺服电动机。二者都可以在系统控制下输出精确定值的角度，利用此功能，分度头内部设计成单级精密蜗杆副机构，经过蜗杆副减速，分度头可以完成分度。

分度方法有直接分度法、角度分度法、简单分度法、差动分度法、铣削螺旋槽、铣削螺旋圆柱齿轮，这里介绍两种分度方法的计算。

1. 简单分度法

简单分度法又称单式分度法，是最常用的分度方法。用该法分度时，应先将分度盘固定，摇动分度手柄，使蜗杆带动蜗轮旋转，从而带动主轴和工件转过一定的转（度）数。

例如，分度z=35，每一次分度时手柄转过的转数为

$$n=40/z=40/35=1\frac{1}{7}$$

即每分度一次，手柄需要转过$1\frac{1}{7}$转。这1/7转是通过分度盘来控制的，一般分度头备有两块分度盘。分度盘两面都有许多圈孔，各圈孔数均不等，但同一孔圈上孔距是相等的。

第一块分度盘的正面各圈孔数分别为24、25、28、30、34、37；反面为38、39、41、42、43，第二块分度盘正面各圈孔数分别为46、47、49、51、53、54；反面分别为57、58、59、62、66。

简单分度时，分度盘固定不动。此时将分度盘上的定位销拔出，调整孔数为7的倍数的孔圈上，即28、42、49均可。若选用42孔数，即1/7=6/42。所以，分度时，手柄转

过一转后，再沿孔数为42的孔圈上转过6个孔间距。

为了避免每次数孔的繁琐及确保手柄转过的孔数可靠，可调整分度盘上的两块分形夹之间的夹角，使之等于欲分的孔间距数，这样依次进行分度时就可以准确无误。

2. 差动分度法

当分度时遇到的等分数是采用简单分度法难以解决的较大质数时（如61、67、71、79等），就要采用差动分度法来分度。

差动分度法就是将主轴后锥孔内装入交换齿轮轴，将分度头主轴、交换齿轮轴用交换齿轮连接起来。当旋转分度手柄进行简单分度的同时，主轴的转动通过交换齿轮及交错轴斜齿轮副，使分度盘也随之正向或反向旋转，以达到补偿分度差值而进行精确分度的目的。差动分度的手柄的实际转数是手柄相对于分度盘的转数与分度盘本身转数的代数和。

三、分度头维护

分度头是全能铣床上的精细夹具和附件，正确地运用和维护，能够保持其分度精度，延长使用寿命。运用和维护时应注意以下事项：

（1）经常擦拭洁净，依照需求，定时注油光滑，使用前需将安装底面和主轴锥孔及铣床工作台擦拭干净。存放时，应将外露的金属表面涂油防锈。

（2）在装卸和转移分度头时，要保护好主轴前后锥孔面和底平面，谨防磕碰，保持光滑，避免生锈或有杂物。

（3）分度头底部定位键的旁边面是精度很高的定位面，注意不要损伤，不然会影响定位精确性。

（4）全能分度头内的蜗轮和蜗杆间应该有必定的啮合空隙。这个空隙坚持在0.02～0.04mm范围内。空隙过大会使分度精度降低，空隙过小则添加蜗杆与蜗轮之间的磨损。

（5）在全能分度头上装夹工件时，最好锁紧分度头主轴，但在每次分度前，都要把刹紧分度头主轴的手柄松开，分度完成后再把它紧定，以避免分度头主轴在铣削过程中松动。

（6）分度时，摇柄上的定位插销应对正孔穴，慢慢地刺进孔中，不能愕然放手让插销主动弹入孔中，不然，孔穴周围会发生磨损，加大分度中的差错。

（7）分度中，当摇柄转过预定孔的方位时，有必要把摇柄向回多摇些，消除了蜗轮和蜗杆间的合作空隙后，再使插销精确地落入预定孔中。

（8）分度头的主轴不光能与工作台平行，还能使主轴与工作台笔直或成某一视点。当分度头回转体需求扳转视点时，要先松开壳体上的紧固螺钉，禁止任何私下的敲击。

（9）分度时，一般是沿顺时针方向摇，在摇动过程中，尽可能要匀速且均匀。一旦过位则应将分度手柄返回半圈以上以消除间隙，然后再按原来方向到规定位置慢慢插入定位销。

（10）调整分度头主轴仰角时，切不可将基座上部靠近主轴前端的两个内六角螺钉松开，否则会使主轴位置的零位走动，并严禁使用锤子等物敲打。

（11）分度时，事先要松开主轴锁紧手柄，分度结束后再重新锁紧，但在加工螺旋面工件时，因工作过程中分度头主轴要旋转，所以不能锁紧主轴。

（12）精密分度头不能用于铣螺旋线。

项目小结

本项目通过对数控辅助装置出现故障的分析讲解，介绍了数控铣床液压、气压系统及分度头系统的组成结构、工作原理及维护方法。为数控铣床的维护维修增添了判断的依据。

思考训练

1. 数控铣床有哪些辅助装置？

2. 液压传动系统有哪几部分组成？各部分有何作用？

3. 液压传动系统日常维护有什么内容？

4. 气动系统有几种回路？

5. 气动系统有哪些作用？

6. 如何对分度头进行维护？

7. 分度头的分度方法有哪些？各应用在什么场合？

项目八

数控铣床的安装调试与验收

学习目标

知识目标：

1. 掌握数控铣床安装步骤。

2. 掌握数控铣床的调试方法。

3. 熟知数控铣床的验收过程及重点。

技能目标：

1. 能正确安装数控铣床。

2. 能对数控铣床进行调成和验收。

3. 通过与厂家人员的配合，提升与人交流、有效沟通的能力。

4. 能够排除数控机床调试中常见的电气故障。

5. 能够对机床装配后进行试车调整，如空运转试验、液压站试验等。

项目分析

数控铣床由数控系统、数控主轴驱动、数控铣床进给运动、数控铣床伺服进给运动及数控辅助装置等组成，把这些部件组装在一起，就是数控铣床。数控铣床的安装包括零部件的组装与调试。数控铣床安装的是否能满足加工要求，需要通过机床校验来完成。数控铣床校验包括几何位置精度校验和加工校验两大部分。

任务一

完成数控铣床的安装与调试

一、数控铣床的选用

选择能够满足加工要求的，又最经济的数控铣床需要从以下几点来考虑：

1. 根据零件的加工尺寸选用

规格较小的升降台式数控铣床，其工作台宽度多在400mm以下，它最适宜中小零件的加工和复杂形面的轮廓铣削任务。规格较大的，如龙门式铣床，工作台在500mm以上，用来解决大尺寸复杂零件的加工。

2. 根据零件的加工要求选用

根据零件的加工要求，在一般的数控铣床的基础上，增加数控分度头或数控回转工作台，这时机床的系统为四坐标的数控系统，可以加工螺旋槽、叶片零件等。

3. 根据零件的加工精度要求选用

我国已制定了数控铣床的精度标准，其中数控立式铣床已有专业标准。标准规定其直线运动坐标的定位精度为0.04/300 mm，重复定位精度为0.025 mm，铣圆精度为0.035 mm。实际上，机床出厂精度均有相当的储备量，比国家标准的允差值大约压缩20%左右。因此，从精度选择来看，一般的数控铣床即可满足大多数零件的加工需要。对于精度要求比较高的零件，则应考虑选用精密型的数控铣床。

4. 根据零件的加工数量或其他要求选用

对于大批量的零件，可采用专用铣床，如果是中小批量并且周期性重复投产，则可采用数控铣床，它可将程序等存储起来重复使用，十分方便。从长远看，采用自动化程度高的铣床代替普通铣床，减轻劳动者的劳动量、提高生产率的趋势是不可避免的。

二、数控铣床安装的环境要求

数控铣床安装的环境要求一般是指地基、工作环境的温度和湿度、电网、地线和防止干扰等。数控铣床安装时应严格按产品说明书的要求进行。小型铣床的安装可以整体进行，比较简单。大、中型铣床由于运输时分解为几个部分，安装时需要重新组装和调整，因而工作复杂。

为了保持稳定的数控铣床加工精度，工作环境必须满足以下几个条件：

（1）稳定的铣床基础。铣床的基础平面一定要找平抹平。若基础表面不平整，机床调整时会增加不必要的麻烦。做铣床基础同时需预埋好各种管道。

（2）适宜的环境温度，一般为10~30℃，精密数控铣床有恒温要求，环境温度要适合数控铣床工作要求。

（3）空气流通、无尘、无油雾和金属粉末。

（4）适宜的湿度，不潮湿，潮湿的环境会使印刷电路板和元器件锈蚀、机床电气故障增加。

（5）电网满足数控铣床正常运行所需总容量的要求，电压波动范围85%~110%，若电网质量不高，需要安装稳压器。

（6）良好的接地，接地电阻小于4~7Ω。

（7）抗干扰，远离强电磁干扰如焊机、大型吊车、高中频设备等。

（8）远离振动源。高精度数控铣床做基础时，要有防震槽，防震槽中一定要填充砂子或炉灰。

数控铣床的基础应按照工艺布局图，确定铣床在车间内的安装位置，然后按照机床厂家提供的机床基础图和外形图，以1:1的比例进行现场实际放线工作，在车间地面上画出机床基础和外形轮廓。检查机床与周边设备、走道、设施等有无干涉，并注意天车行程极限，不要对机床产生干涉。

三、数控铣床的安装

一般的数控铣床从制造厂发货到用户，都是整机装运，不需解体包装。因此用户收到机床后，只需按说明书的规定进行安装即可。数控铣床的安装一般包括基础施工、机床拆箱、吊装就位、连接组装以及试车调试等工作。

1. 基础施工与机床拆箱

使用单位在机床未到之前，要按机床基础图做好机床基础。应在安装地脚螺栓的位置做出预留孔。机床到达后在地基附近拆箱，仔细清点技术文件和装箱单，按照装箱单清点随机零部件和工具。

2. 吊装就位

首先在地基上放置多块垫铁用以调整机床的水平，然后在机床的适当位置垫上木块或厚布，防止钢丝绳碰伤油漆和加工面，最后将机床的基础件吊装就位，地脚螺栓按要求放入预留孔内。在吊运过程中，应尽量降低机床的重心。一般数控铣床的电气柜是分离的，其顶部一般有吊环供吊运时使用。

3. 连接组装

数控铣床的连接组装是指将各分散的机床部件重新组装成整机的过程。机床连接组装前应先清除连接面、导轨和各运动面上的防锈涂料，清洗各部件外表面，再把清洗后的部件连接组装成整机。部件连接定位要使用随机所带的定位销、定位块，使各部件恢复到拆卸前的位置和状态。

部件组装后要根据机床附带的电气接线图、液压接线图、气路图及连线标记。将油管和气管正确连接，并检查连接部位有无松动和损坏，特别要注意接触的可靠性和密封性，防止异物进入油管和气管。电缆连接后要做好管线的就位固定工作，同时检查系统柜和电气柜内元件和接插件有无因运输造成的损坏，各接线端、连接器和电路板有无松动，确保一切正常才能试车。

四、数控铣床的调试

机床安装好后，需要经过调试，才能使用。安装和调试工作直接影响机床使用寿命和工件加工精度，做好调试工作是十分必要的。

1. 调试前的准备工作

机床落地就位后由机床的生产厂商完成调试，在调试前需要进行以下准备工作：

（1）将机床周围清理干净。

（2）将三相380V电源接到机床电器控制框里，但不要给机床送电。

（3）按机床说明要求准备足够的液压油、润滑油、冷却液及煤油。

（4）准备量具及材料。杠杆百分表及其表架及磁力表座，千分表及其表架及磁力表座，水平仪，300mm标准验棒，试切刀具，夹具。

2. 数控铣床的调试

（1）精度调整。机床精度调整主要包括精调机床床身的水平和机床几何精度。机床地基固化之后，利用地脚螺栓和垫铁精调机床床身的水平。移动床身上各移动部件，观察各部件在全行程内主机的水平情况，并且相应调整机床的几何精度，使之在允许的范围内。机床精度调整使用的检测工具主要有精密水平仪、标准方尺、平尺、平行光管、千分表等。

（2）功能测试。机床功能测试是指机床试车调整后，测试机床各项功能的过程。在机床功能测试之前，检查机床的数控系统参数和PLC的设定参数是否符合机床附带资料中规定的数据，然后试验各种主要的操作动作、安全装置、常用指令的执行，如手动、点动、数据输入、自动运行方式、主轴挂挡指令、各级转速指令是否正确等。

（3）机床通电试车。机床通电试车调整包括机床通电试运转和粗调机床的主要几何精度，其目的是考核机床安装是否稳固，各个传动、控制、润滑、液压和气动系统是否正常可靠。通电试车之前，按机床说明书要求给机床润滑油箱和润滑点灌注规定的油液和油脂，擦除各导轨及滑动面上的防锈涂料，涂上一层干净的润滑油。清洗液压油箱内腔油池和过滤器，灌入规定标号的液压油，接通气动系统的输入气源。

根据数控铣床总电源容量选择合适的熔断器。检查供电电压波动范围，一般日本的数控系统要求电源波动在±10%以内，欧美的数控系统要求电源波动在±5%以内。

检查电源变压器和伺服变压器的绕组抽头连线是否正确，对于有电源相序要求的数控系统，要用相序表检查接入数控系统的电源相序，如有错误应及时倒换相序。

机床接通电源后要采取各部件逐一供电试验，然后再进行总供电试验。首先CNC装置在供电前要检查CNC装置与监视器、MDI机床操作面板、手摇脉冲发生器、电气柜的连线以及与伺服电动机的反馈电缆线连线是否可靠。在供电后要及时检查各环节的输入、输出信号是否正常，各电路板上的指示灯是否正常显示。为了安全，在通电的同时要做好按"急停"按钮的准备，以备随时切断电源。伺服电动机首次通电瞬间，可能会有微小的抖动，其零位漂移自动补偿功能会使电动机轴立即返回原位置，此后可以多次通、断电源，观察CNC装置和伺服驱动系统是否有零位漂移自动补偿功能。

机床其他各部分应依次供电，利用手动进给或手轮移动各坐标轴来检查各轴的运动情况，观察有无故障报警。如果有故障报警，要按报警内容检查连接线是否有问题、检查位置环增益参数或反馈参数等设定值是否正确并给予排除。随后再使用手动低速进给或手轮功能低速移动各轴，检查超程限位是否有效，超程时系统是否报警。进行返回基准点的操作，检查有无返回基准点功能以及每次返回基准点的位置是否一致。

（4）机床试运行。数控铣床安装调试完毕后，要求整机在带一定负载的条件下自动运行一段时间，较全面地检查机床的功能及可靠性。运行时间参照行业有关标准，一般采用每天运行8小时连续运行2~3天，或者不间断连续运行1~2天。这个过程被称为安装后的试运行。

数控铣床进行试运行时主要采用程序进行，此程序称考机程序，可以采用机床生产厂商调试时使用的考机程序，也可以自编考机程序。考机程序中应包括数控系统主要功能的使用、自动换取刀库中$2/3$以上数量的刀具、主轴的最高（最低）及常用转速、快速和常用的进给速度、工作台面的自动交换、主要M指令的使用。试运行时，机床刀库的大部分刀架应装上接近规定质量的刀具、交换工作台应装上一定载荷。在试运行过程中，除了操作失误引起的故障外，不允许机床有其他故障出现，否则表示机床的安装调整有问题或机床质量有问题。

五、数控铣床机械零部件的安装调试注意事项

数控铣床安装调试质量的优劣直接影响数控铣床平均无故障工作时间，较佳的安装调试质量可减少数控铣床使用过程中的故障停机时间和维修成本。

1. 主轴轴承的安装调试注意事项

（1）单个轴承的安装调试。装配时尽可能使主轴定位内孔与主轴轴径的偏心量和轴承内圈与滚道的偏心量接近，并使其方向相反，这样可使装配后的偏心量减小。

（2）两个轴承的安装调试。两支撑的主轴轴承安装时，应使前、后两支撑轴承的偏心量方向相同，并适当选择偏心距的大小。前轴承的精度应比后轴承的精度高一个等级，以使装配后主轴部件的前端定位表面的偏心量最小。在维修机床拆卸主轴轴承时，因原生产厂家已调整好轴承的偏心位置，所以要在拆卸前做好圆周方向的位置记号，保证重新装配后轴承与主轴的原相对位置不变，减少对主轴部件的影响。

过盈配合的轴承装配时需采用热装或冷装工艺方法进行安装，不要用蛮力敲砸，以免在安装过程中损坏轴承，影响机床性能。

2. 滚珠丝杠螺母副的安装调试注意事项

滚珠丝杠螺母副仅用于承受轴向负荷。径向力、弯矩会使滚珠丝杠副产生附加表面接触应力等不良负荷，从而可能会造成丝杠的永久性损坏。因此，滚珠丝杠螺母副安装到机床时，应注意以下几点：

（1）滚珠螺母应在有效行程内运动，必须在行程两端配置限位，避免螺母越程脱离丝杠轴，而使滚珠脱落。

（2）由于滚珠丝杠螺母副传动效率高，不能自锁，在用于垂直方向传动时，如部件重量未加平衡，必须防止传动停止或电动机失电后，因部件自重而产生的逆传动。防止逆传动可用。蜗轮蜗杆传动、电动制动器等。

（3）丝杠的轴线必须和与之配套导轨的轴线平行，机床两端轴承座的中心与螺母座的中心必须三点成一线。

（4）滚珠丝杠螺母副安装到机床时，不要将螺母从丝杠轴上卸下来。如必须卸下来时，要使用辅助套，否则装卸时滚珠有可能脱落。

（5）螺母装入螺母座安装孔时，要避免撞击和偏心。

（6）为防止切屑进入，磨损滚珠丝杠螺母副，可加装防护装置如折皱保护罩、螺旋钢带保护套等，将丝杠轴完全保护起来。另外，浮尘多时可在丝杠螺母两端增加防尘圈。

3. 直线滚动导轨安装调试注意事项

（1）安装时要轻拿轻放，避免磕碰影响导轨的直线精度。

（2）不允许将滑块拆离导轨或超过行程。若因安装困难，需要拆下滑块时，需使用引导轨。

（3）直线滚动导轨成对使用时，分主、副导轨副。首先安装主导轨副，设置导轨的基准侧面与安装台阶的基准侧面紧密相贴，紧固安装螺栓，然后再以主导轨副为基准，找正安装副导轨副。找正是指两根导轨副的平行度、平面度应符合机床的相应标准。最后，依次拧紧滑块的紧固螺栓。

六、数控铣床液压系统的安装调试注意事项

液压传动由于其传动平稳，便于实现频繁平稳的换向以及可以获得较大的力和力矩，在较大范围内可以实现无级变速，在数控铣床的主轴内刀具自动夹紧与松开、主轴变速、换刀机械手、工作台交换、工作台分度等机构中得到了广泛应用。

液压系统安装调试时应注意以下几点：

（1）在液压元件安装前，需对全部元件进行清洗。

（2）在液压元件安装全过程中要特别注意洁净，防止异物进入液压系统，造成液压系统故障。

（3）油泵进出油口管路切勿接错，泵、缸、阀等元件的密封件要正确安装。

（4）液压系统管路连接完毕后，要做好各管路的就位固定，管路中不允许有死弯。

（5）加油前，整个系统必须清洗干净，液压油需过滤后才能加入油箱。注意新旧油不可混用，因为旧油中含有大量的固体颗粒、水分等杂质。

（6）调试过程中要观察系统中泵、缸、阀等元件工作是否正常，有无泄漏，油压、油温、油位是否在允许值范围内。

（7）油压的调整。因为液压变速、液压拉力等机构都需要合适的压力，所以机床开箱后，清除防锈用的油封，即向油池中灌油，开动油泵调整油压，一般用1～2Pa的压力即可。

七、数控铣床气动系统的安装调试注意事项

气动装置的气源容易获得，机床可以不必再单独配送动力源，装置结构简单，工作介质不污染环境，工作速度快，动作频率高，适合于频繁启动的辅助工作。它在过载时也比较安全，不易发生过载损坏机件等事故。在数控铣床的主轴内刀具自动夹紧与松开、主轴锥孔切屑的清理、机床防护门的自动开关、工作台自动吹屑清理定位基准面等机构中得到了广泛应用。

气动系统安装调试时应注意以下几点：

（1）安装前应对元件进行清洗，必要时要进行密封试验。

（2）各类阀体上的箭头方向或标记，要符合气流流动方向。

（3）动密封圈不要装得太紧，尤其是U形密封圈，否则阻力太大。

（4）移动缸的中心线与负载作用力的中心线要同心，否则会引起侧向力，使密封件加速磨损，活塞杆弯曲。

（5）系统压力要调整适当，一般为0.6MPa。

（6）气动三联件应工作正常。

八、数控铣床数控系统的安装调试注意事项

数控系统信号电缆的连接包括数控装置与MDI/CRT单元、电气柜、机床控制面板、主轴伺服单元、进给伺服单元、检测装置反馈信号线的连接等，这些连接必须符合随机提供的连接手册的规定。

1. 检查地线的连接

良好的接地不仅对设备和人身的安全十分重要，同时能减少电气干扰，保证机床的正常运行。地线一般都采用辐射式接地法，即数控系统电气柜中的信号地、框架地、机床地等连接到公共接地点上，公共接地点再与大地相连。数控系统电气柜与强电柜之间的接地电缆要足够粗。

2. 检查线路的连接

在铣床通电前，根据电路图各模块的电路连接，依次检查线路和各元器件的连接。重点检查变压器的初次级，开关电源的接线，继电器、接触器的线圈和触点的接线位置等，同时应使用相序表检查三相总开关上口引入电源线相序是否正确，还要将伺服电动机与机械负载脱开，否则一旦伺服电动机电源线相序接错，会出现"飞车"故障，极易产生机械碰撞损坏机床。

3. 测量电阻

在断电情况下检测三相电源对地电阻、相间电阻、单相电源对地电阻、24V直流电源对地电阻、两极电阻。如果发现问题，在未解决之前，严禁机床通电试验。

4. 通电前检测

在电气检查未发现问题的情况下，依次按下列顺序进行通电检测：三线电源总开关接通，检查电源是否正常，观察电压表，电源指示灯；依次接通各断路器，检查电压；检查开关电源（交流220V转变为直流24V）的入线及输出电压。如果发现问题，在未解决之前，严禁进行下一步试验。

5. 伺服电动机与机械的连接

若以上检测正常可进行NC启动，观察数控系统的现象。输入机床系统参数、伺服系统参数，输入PLC程序，然后将伺服电动机与机械负载连接，进行机械与电气联调。

九、数控铣床的机械与电气部分联调注意事项

在数控铣床通电正常后，进行机械与电气联调时应注意以下几点：

1. 各轴的运动方向及速度

先在手动JOG方式下，进行各坐标轴正、反向的点动操作，待动作正确无误，再在自动AUTO方式下试运行简单程序。

主轴和进给运动轴试运行时，应先低速后高速，并进行正、反向试验。

2. 限位挡块

先按下超程保护开关，验证其保护作用的可靠性，然后再进行慢速的超程试验，验证超程撞块安装的正确性。

3. 返回参考点

待手动动作正确后，再完成各轴返回参考点操作。各轴返回参考点前应反向远离参考点一段距离，不要在参考点附近返回，以免找不到参考点。

4. 试验程序

自行编制一个工件加工程序，尽可能多地包括各种功能指令和辅助功能指令，位移尺寸应以机床最大行程为限。同时进行程序的增加、删除和修改操作。最后，运行该程序观察机床工作是否正常。

任务二
验收数控铣床

一、数控铣床验收的重要性

对集机、电、液、气于一体的进口大型数控铣床（含加工中心）的验收，无论是预验收、还是最终验收，都是十分重要的。它是对机床设计、制造、安装调试的质量，特别是对机床精度的总体检验。它直接关系到机床的功能、可靠性、加工精度和综合加工能力。然而在实际验收中，常常会出现一些带有技术性或管理性的问题。如果不能得到及时的正确处理，将会影响到机床的验收质量。

数控铣床的全部检测验收工作是一项工作量和技术难度都很大的工作。它需要使用高精度检测仪器对数控铣床的机、电、液、气等各部分及整机进行综合性能和单项性能的检测，其中包括进行刚度和热变形等一系列试验，最后得出对该机床的综合评价。这项工作是由国家指定的机床检测中心进行，得出权威性的结论，因此这类验收工作一般适合于机床样机的鉴定检测或行业产品评比检验以及关键进口设备的检测。对于一般的数控铣床用户，其验收工作是根据机床出厂检验合格证上规定的验收技术指标和实际提供的检测手段，部分地或全部地测定机床合格证上的技术指标。如果各项数据都符合要求，用户应该将这些数据列入该设备进厂的原始技术档案中，作为日后维修时技术指标的依据。

数控铣床验收主要包括数控铣床精度检验（包括机床几何精度检验、机床切削精度检验、机床定位精度检验及外观检查）、数控铣床性能检验和数控铣床系统功能检验。

二、机床几何精度检验

机床的几何精度检验也称为静态精度检验，它能综合反映出该机床的关键零部件和其组装后的几何形状误差。

1. 检测条件

机床的几何精度检验必须在地基和地脚螺栓的固定混凝土完全固化后才能进行，新灌注的水泥地基要经过半年左右的时间才能达到稳定状态，因此机床的几何精度在机床使用半年后要复校一次。

机床的几何精度处在冷、热不同状态时的是不同的。按国家标准的规定，检验之前要使机床预热，机床通电后移动各坐标轴在全行程内往复运动几次，主轴按中等的转速运转十几分钟后进行几何精度检验。具体要求如下：

（1）必须在地基及地脚螺栓的混凝土完全固化后才能进行。

（2）应在精调后完成全部检测。

（3）应尽可能地减少检测器具和检测方法的误差。

（4）应在机床稍有预热的状态下进行。

2. 检测工具

检验机床几何精度的常用检验工具有精密水平仪、直角尺、精密方箱、平尺、平行光管、千分表或测微仪、高精度主轴芯棒及刚性较好的千分表杆等，如图8-1所示为部分检验工具。检验工具的精度必须比所检测的几何精度高出一个数量等级。

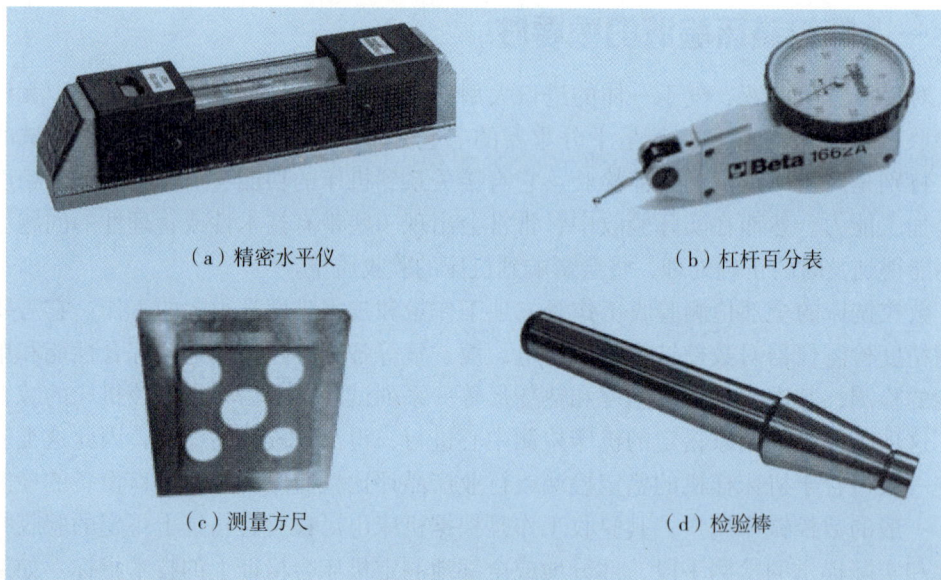

（a）精密水平仪　　　　　　　　　　（b）杠杆百分表

（c）测量方尺　　　　　　　　　　（d）检验棒

图8-1　部分检测工具

3. 检测内容

以下是一台普通立式铣床的几何精度检验内容：

（1）工作台面的平面度。

（2）各坐标方向移动时工作台面的平行度。

（3）X、Y坐标方向移动时工作台面的平行度。

（4）X坐标方向移动时工作台面T形槽侧面的平行度。

（5）主轴的轴向窜动。

（6）主轴孔的径向跳动。

（7）主轴箱沿Z坐标方向移动时主轴轴心线的平行度。

（8）主轴回转轴线对工作台面的垂直度。

（9）主轴箱在Z坐标方向移动的直线度。

从上面各项几何精度的检验要求可以看出，一类是机床各大部件如床身、立柱、溜板、主轴箱等运动的直线度、平行度、垂直度的精度要求；另一类是参与切削运动的主要部件如主轴的自身回转精度、各坐标轴直线运动的精度要求。这些几何精度综合反映了该机床的机械坐标系的几何精度或工件夹具的定位基准,工作台面和T形槽相对机械坐标系的几何精度要求,反映了数控铣床加工过程中的工件坐标系相对机械系统的几何关系。

三、机床定位精度的检验

数控铣床的定位精度,是指所测机床运动部件在数控系统控制下运动时所能达到的位置精度。该精度与机床的几何精度一样,会对机床切削精度产生重要影响,特别会影响到孔隙加工时的孔距误差。根据实测的定位精度数值,可以判断机床在自动加工中能达到的最好的加工精度。

1. 检测条件

数控铣床的定位精度检验必须在机床几何精度检验完成的基础上进行,检验前所检的数控铣床也必须进行预热。

2. 检测工具

检测工具有测微仪、成组块规、标准长度刻线尺、光学读数显微镜和双频激光干涉仪等。标准长度的检测以双频激光干涉仪测量结果为准。回转运动检测工具一般有360齿精密分度的标准转台、角度多面体、高精度圆光栅等。目前通用的检测仪为双频激光干涉仪。

3. 检测内容

一般情况下定位精度主要检验的内容有直线运动定位精度(X、Y、Z、U、V、W轴)、直线运动重复定位精度、直线运动轴机械原点的返回精度、直线运动失动量测定、回转运动定位精度(A、B、C轴)、回转运动重复定位精度、回转轴原点返回精度、回转运动失动量等。

(1)直线运动定位精度。直线运动定位精度的检验一般是在空载的条件下进行。按国际标准化组织(ISO)规定和国家标准规定,对数控铣床的直线运动定位精度的检验应以激光检测为准。如果没有激光检测的条件,可以用标准长度刻线尺进行比较测量。

根据机床规格选择每20mm、50mm或100mm的间距,用数据输入法作正向和反向快速移动定位,测出实际值和指令值的离差。为反映多次定位中的全部误差,国际标准化组织规定每一个定位点进行5次数据测量,计算出均方根值和平均离差$\pm 3\sigma$构成的定位点离散误差带。

定位精度是以快速移动定位测量的。对一些进给传动链刚度不太好的数控铣床,采用各种进给速度定位时会得到不同的定位精度曲线和不同的反向间隙。因此,质量不高的数控铣床不可能加工出高精度的零件。

(2)直线运动重复定位精度。直线运动重复定位精度是反映坐标轴运动稳定性的基本指标,机床运动精度的稳定性决定了加工零件质量的稳定性和误差的一致性。重复定位精度的检验所使用的检测仪器与检验定位精度所用的仪器相同。检验方法是在靠近被测坐标行程的中点及两端的任意两个位置，每个位置用数据输入方式进行快速定位，在相同的条件下重复7次，测得停止位置的实际值与指令值的差值并计算标准偏差，取最大标准偏差的1/2，加上正负符号即为该点的重复定位精度。取每个轴的三个位置中最大的标准偏差的1/2，加上正负符号后就该坐标轴的重复定位精度。

（3）直线运动的回零精度。数控铣床的每个坐标轴都需要有精确的定位起点，这个称为坐标轴的原点或参考点。它与程序编制中使用的工件坐标系、夹具安装基准有直接关系。

数控铣床每次开机时回零精度要一致，因此要求原点的定位精度比坐标轴上任意点的重复定位精度要高。

进行直线运动回零精度检验的目的一个是检测坐标轴的回零精度，另一个检测各轴回零的稳定性。

（4）直线运动失动量。坐标轴直线运动失动量又称直线运动反向差，简称反向间隙。

失动量的检验方法是在所检测的坐标轴的行程内，预先正向或反向移动一段距离后停止，并且以停止位置作为基准，再在同一方向给坐标轴一个移动指令值，使之移动一段距离，然后向反方向移动相同的距离，检测停止位置与基准位置之差。在靠近行程的中点及两端的三个位置上分别进行多次测定，求出各个位置上的平均值，以所得平均值中最大的值为失动量的检验值。

坐标轴的直线运动失动量是进给轴传动链上驱动元件的反向死区以及机械传动副的反向间隙和弹性变形等误差的综合反映。该误差越大，那么定位精度和重复定位精度就越差。如果失动量在全行程范围内均匀，可以通过数控系统的反向间隙补偿功能给予修正，但是补偿值越大，就表明影响该坐标轴定位误差的因素越多。

（5）回转轴运动精度。回转轴运动精度的检验方法与直线运动精度的测定方法相同，检测仪器是标准转台、平行光管、精密圆光栅。检测时要对0°、90°、180°、270°重点测量，要求这些角度的精度比其他角度的精度高一个数量级。

4. 检测时的注意事项

（1）仪器在使用前应精确校正。

（2）螺距误差补偿，应在机床几何精度调整结束后再进行，以减少几何精度对定位精度的影响。

（3）进行螺距误差补偿时应使用高精度的检测仪器（如激光干涉仪），以便先测量再补偿，补偿后还应再测量，并应按相应的分析标准（VDI3441、JIS6330或GB10931-89）对测量数据进行分析，直到达到机床的定位精度要求。

（4）机床的螺距误差补偿方式包括线性轴补偿和旋转轴补偿这两种方式，可对直线轴和旋转工作台的定位精度分别补偿。

四、切削精度检验

数控铣床的切削精度检验又称为动态精度检验，是对机床几何精度和定位精度在切削加工条件下的一次综合考核。切削精度检验分单项加工精度检验和加工一个标准的综合性试件的精度检验。

数控铣床切削精度的检验所需检测工具与几何精度检测相同，以镗铣为主的数控铣床的主要单项精度有：

（1）镗孔精度。

（2）端铣刀铣削平面精度（X–Y平面）。

（3）镗孔的孔距精度和孔径分散度。

（4）直角的直线铣削精度。

（5）斜线铣削精度。

（6）圆弧铣削精度。

（7）箱体掉头镗孔同轴度（对卧式机床）。

（8）水平转台回转精度。

对有高效切削要求的机床，要做单位时间金属切削量的试验，切削材料一般用1级铸铁，使用硬质合金刀按标准切削量切削。

数控铣床性能直接反映了数控铣床各个性能指标，它的好坏将影响到机床运行的可靠性和正确性，对此方面的检验要全面、细致。

五、铣床外观检查

数控铣床外观质量检验可参照通用机床的有关标准。如各种防护油漆质量、机床照明、电气走线、油管走线、切屑处理、附件等。

检查数控铣床外观时注意以下几点：

（1）数控铣床的防护罩应平整，均匀不应翘曲、凸凹不平和其他损伤。

（2）数控铣床的门、盖与铣床的结合面应贴合，贴合缝隙值不得大于1.5 mm，缝隙不均匀值不得大于1 mm。

（3）外露的焊缝应修整平直均匀，外露零件表面不应有磕碰、锈蚀，螺钉、铆钉、销的端部不应有扭伤、锤伤等缺陷。

（4）防护油漆要求无划痕、破损，色泽均匀且符合要求。防护层不得有褪色、脱落现象。

（5）电气走线、油管走线、液压、润滑和冷却等管道应布置紧凑，排列整齐，需要固定的地方要用管夹固定，管子不应产生扭曲，折叠现象。

（6）铣床上的各种标牌应清晰，不能遗漏；固定位置要正确，平整牢固，不歪斜。

六、数控铣床性能检验

机床的性能主要包括主轴系统性能，进给系统性能，数控装置，电气装置，气、液装置，润滑装置，安全装置及附属装置等性能。

数控铣床性能的检验与普通铣床基本一样，主要是通过"耳闻目睹"和试运转，检查各运动部件及辅助装置在启动、停止和运行中有无异常现象及噪声，润滑系统、冷却系统以及各风扇等工作是否正常。

1. 主轴系统

在手动方式下进行，分别选择高、中、低三种主轴转速，连续进行 5 次正转和反转的启动和停止动作，检验主轴动作的灵活性和可靠性。

在数据输入方式下，使主轴转速从最低速逐步提高到最高速，检验各级转速值，转速允差为设定值的 ±10%，同时观察机床的振动情况。

主轴在连续2h高速运转后允许温升不超过15℃。

主轴准停装置连续操作5次，检验准停动作的可靠性和灵活性。

2. 进给系统

在手动方式下进行，检验各坐标轴低、中、高速进给和快速移动的启动、停止、点动等动作的平稳性和可靠性。

在数据输入方式下，检验G00指令和G01指令的各种进给速度，允差为设定值的 ±5%。

除此之外，进给系统的检测还要检查各坐标轴的软硬限位的可靠性及其回原点的稳定性。

3. 数控装置

检查数控装置的各种指示灯、操作面板等功能和动作的正确性和可靠性，数控装置的密封性，数控装置与伺服驱动单元的连接电缆的可靠性。

4. 电气装置

在数控铣床试运转前后分别对机床电气装置进行一次绝缘检验。测定数控装置和电气柜的接地质量、绝缘的可靠性。检查数控装置和电气柜内的通风散热条件和清洁状况。

5. 气动和液压装置

检验机床压缩空气源、气路有无泄漏以及工作的可靠性。如气压太低时有无报警显示，气压表和油水分离装置是否完好等。检验液压系统油路密封的可靠性。

6. 润滑装置

检验自动润滑油路工作的可靠性。如定时润滑是否正常，分配到各润滑点的油量是否均匀，润滑是否到位，油路各接头有无渗漏等。

7. 安全装置

检验机床对操作者的安全性以及机床保护功能的可靠性。如各种安全防罩，各坐标行程限位保护功能，各种过流、过压、过热、过载和紧急停止等功能。

8.附属装置

检验机床各附属装置工作的可靠性。如排屑器的工作质量，冷却防护罩在大流量冷却液冲淋时有无泄漏，APC交换工作台工作是否正常，在工作台上加额定负载后自动交换是否可靠等。

9.机床噪声

检验数控铣床试运转噪声，不得超过80dB。数控铣床主轴一般采用了电调速装置，主轴已不是机床的主要噪声源。主轴电动机的风扇噪声、液压系统的油泵噪声等可能成为机床的主要噪声。

七、数控系统功能检验

数控系统的功能随所配机床类型有所不同，数控功能的检测验收要按照机床配备的数控系统的说明书和订货合同的规定，用手动方式或程序方式检测该机床应该具备的主要功能。数控功能检验的主要内容有准备功能、辅助功能、操作功能、CRT显示功能和通信功能。

1.准备功能

检验快速点定位、直线插补、圆弧插补、螺纹加工、编程方式、坐标系选择、平面选择、暂停、刀具长度补偿、刀具半径补偿、镜像功能、固定循环及用户宏程序等指令的准确性。

2.辅助功能

检验程序停止、主轴启动和停止、冷却液开关、程序结束等辅助指令的准确性。

3.操作功能

检验回原点、单程序段、主轴和进给倍率调整、进给保持、紧急停止、主轴和冷却液的启动和停止等功能。

4.CRT显示功能

检验坐标显示、各菜单显示、程序显示和编辑修改等功能的正确性。

5.通信功能

检验数据发送、接收的正确性，DNC的可靠性。

八、连续空运行

让数控铣床在较长的一段时间内带负载运行功能较为完整的考机程序，是综合检验数控铣床各种自动运行功能可靠性的最好方法。

数控铣床出厂之前，一般要经过96h的自动连续运行，考虑到机床运输和重新安装的影响，用户在验收时要进行8～16h的自动连续运行。如果机床在连续运行后无故障，则表明机床的可靠性达到一定要求。

项目小结

本项目通过对数控铣床的安装与调试，以及数控铣床验收工作的讲解，介绍了数控铣床安装调试和验收的过程以及相应的注意事项，这些工作对于数控铣床的正常运行是相当重要的。

思考训练

1. 数控铣床安装对环境有什么要求？
2. 数控铣床安装步骤有几步？
3. 数控铣床调试内容有哪些？
4. 数控铣床验收的重要性是什么？
5. 如何选购数控铣床？
6. 数控铣床液压与气动调试时的注意事项有哪些？
7. 验收时，几何精度怎么验收？

项目九

数控铣床的故障与诊断实例

学习目标

知识目标：

1. 了解数控铣床的故障分类。

2. 了解不同系统的数控铣床的故障处理方法。

3. 掌握数控铣床的常见的故障处理方法。

4. 了解数控铣床回参考点故障的形式。

技能目标：

1. 能熟练地根据各故障形式进行诊断分析与维护。

2. 能够判断加工中因操作不当引起的故障。

3. 能够对数控机床的常见故障进行维护。

4. 培养沟通合作的团队精神。

项目分析

在生活中常见的数控系统有国外的发那科（FANUC）、西门子（SIEMENS）、三菱；国产的有广州数控、华中数控等系统。东西都有坏的时候，那这些数控铣床出现问题时都有什么解决方法呢？本项目将以实例讲解，介绍常见数控铣床的故障现象，故障原因，故障处理方法。由于回参考点是常见到的故障，它出现的原因是原点漂移，可通过重设原点的方法来解决。

任务一

认识数控铣床的故障分类

一、数控铣床常见故障及分类

机器都会发生故障，而我们要找到故障的原因才能更好地维护机器设备。数控铣床常见的故障类型可以按故障发生的部位分为主机故障和电气控制系统故障；按故障性质分为确定性故障和随机性故障；按故障指示形式分为有报警显示的故障和无报警显示的故障。

1. 按故障发生的部位分类

（1）主机故障。故障主机故障主要指数控铣床的机械、润滑、冷却、排屑、液压、气动与防护等部分发生的。主机故障主要表现为传动噪声大、加工精度差、运行阻力大、机械部件动作不进行、机械部件损坏等。润滑不良、液压、气动系统的管路堵塞和密封不良，是主机发生故障的常见原因。

（2）电气控制系统故障。电气控制系统故障通常分为"弱电"故障和"强电"故障两大类。

"弱电"部分是指以电子元器件、集成电路为主的控制部分。数控铣床的弱电部分包括CNC、PLC、MDI/CRT以及伺服驱动单元、输入/输出单元等。"弱电"故障又有硬件与软件故障之分。硬件故障是指上述各部分的集成电路芯片、接插件以及外部连接组件等发生的故障。软件故障是指在硬件正常情况下所出现的动作出错、数据丢失等故障。

"强电"部分是指控制系统中的主回路或高压、大功率回路中的继电器、接触器、开关、熔断器、电源变压器、电动机、电磁铁、行程开关等电气元器件及其所组成的控制电路。

2. 按故障的性质分类

（1）确定性故障。确定性故障是指控制系统主机中的硬件损坏或只要满足一定的条件，数控铣床必然会发生的故障。这一类故障现象在数控铣床上最为常见，但由于它具有一定的规律，因此也给维修带来了方便。确定性故障具有不可恢复性，故障一旦发生，如不对其进行维修处理，机床不会自动恢复正常，但只要找出发生故障的根本原因，维修完成后机床立即可以恢复正常。正确的使用与精心维护是杜绝或避免故障发生的重要措施。

（2）随机性故障。随机性故障是指数控铣床在工作过程中偶然发生的故障。此类故障的发生原因较隐蔽，很难找出其规律性，因此分析与故障诊断比较困难。一般而言，故障的发生往往与部件的安装质量、参数的设定、元器件的品质、软件设计不完善、工作环境的影响等诸多因素有关。

随机性故障具有可恢复性，故障发生后，通过重新开机等措施，机床通常可恢复正常，但在运行过程中，又有可能发生同样的故障。加强数控铣床的维护检查，是减少、避免此类故障发生的重要措施。

3. 按故障的指示形式分类

（1）有报警显示的故障。

①指示灯显示报警。指示灯显示报警是指通过控制系统各单元上的状态指示灯（一般由LED发光管或小型指示灯组成）显示的报警。根据数控系统的状态指示灯，即使在显示故障时，仍可大致分析判断出故障发生的部位与性质。因此，在维修、排除故障过程中应认真检查这些状态指示灯的状态。

②显示器显示报警。有些数控铣床通过显示器显示报警。显示器显示报警是指可以通过CNC显示器显示出报警信号和报警信息的报警。由于数控系统一般都具有较强的自诊断功能，如果系统的诊断软件以及显示电路工作正常，一旦系统出现故障，可以在显示器上以报警号及文本的形式显示故障信息。数控系统能进行显示的报警少则几十种，多则上千种，它是故障诊断的重要信息。

在显示器显示报警中，又可分为NC报警和PLC报警两类。前者为数控系统生产厂家设置的故障显示，可对照数控系统相应维修手册中的有关内容，确定可能产生该故障的原因及维修方法。后者是由数控铣床生产厂家设置的PLC报警信息文本，属于机床的故障显示，可对照数控铣床生产厂家所提供的机床维修手册中的有关内容，确定可能产生该故障的原因及维修方法。

（2）无报警显示的故障。无报警显示的这类故障发生时，机床与系统均无报警显示，其分析诊断难度通常比较大，需要通过认真的分析判断才能予以确认。特别是对于一些早期的数控系统，由于系统本身的诊断功能不强，或无PLC报警信息文本，出现无报警显示的故障情况则更多。

4. 按故障产生的原因分类

（1）数控铣床自身故障。这类故障的发生是由于数控铣床自身的原因所引起的，与外部使用环境条件无关。

（2）数控设备外部故障。这类故障是由于外部原因所造成的，供电电压过低、过高，波动过大；电源相序不正确或三相电输入电压的不平衡；环境温度过高；有害气体、潮气、粉尘侵入；外来振动和干扰等都是引起故障的原因。

除了上述常见故障分类方法之外，还有其他多种不同的分类方法。如按故障发生时有无破坏性，可分为破坏性故障和非破坏性故障两种；按故障发生与需要维修的具体功能部位，分为数控装置故障，主轴驱动系统故障、进给伺服系统故障；按数控铣床结构分为机械部分故障、电气部分故障及辅助装置故障等。

二、数控铣床故障的排除方法

数控铣床的故障诊断原则详见项目二，这里直接介绍故障排除的方法。

由于数控铣床故障比较复杂，同时数控系统自诊断能力还不能对系统的所有部件进行测试，往往是一个报警号指示出众多的故障原因，使人难以入手。维修人员在生产实践中常用的排除故障方法有以下几种。

1. 直观检查法

直观检查法是维修人员根据对故障发生时的各种光、声、味等异常现象的观察，确定故障范围，可将故障范围缩小到一个模块或一块电路板上，然后再进行排除。一般包括：

（1）询问。向故障现场人员仔细询问故障产生的过程、故障表象及故障后果等；

（2）目视。总体查看机床各部分工作状态是否处于正常状态，各电控装置有无报警指示，局部查看有无保险烧断，元器件烧焦、开裂、电线电缆脱落，各操作元件位置正确与否等等；

（3）触摸。在整机断电条件下可以通过触摸各主要电路板的安装状况、各插头座的插接状况、各功率及信号导线的连接状况以及用手摸并轻摇元器件，尤其是大体积的阻容、半导体器件有无松动之感，以此可检查出一些断脚、虚焊、接触不良等故障；

（4）通电。为了检查有无冒烟、打火，有无异常声音、气味以及触摸有无过热电动机和元件存在而通电，一旦发现立即断电分析。如果存在破坏性故障，必须排除后方可通电。

例如，一台数控加工中心在运行一段时间后，CRT显示器突然出现无显示故障，而机床还可继续运转，停机后再开又一切正常。观察发现，设备运转过程中，每当发生振动时故障就可能发生，初步判断是元件接触不良。当检查显示板时，CRT显示突然消失，检查发现有一晶振的两个引脚均虚焊松动，重新焊接后，故障消除。

2. 初始化复位法

一般情况下，由于瞬时故障引起的系统报警，可用硬件复位或开关系统电源依次来清除故障。若系统工作存贮区由于掉电、拔插线路板或电池欠压造成混乱，则必须对系统进行初始化清除，清除前应注意作好数据拷贝记录，若初始化后故障仍无法排除，则进行硬件诊断。

例如，一台数控车床当按下自动运行键，系统不执行加工程序，也不显示故障自检提示，显示屏幕处于复位状态（只显示菜单）。有时因记忆电池失效，更换记忆电池等，系统显示某一方向尺寸超量或各方向的尺寸都超量（显示尺寸超过机床实际能加工的最大尺寸或超过系统能够认可的最大尺寸）。可通过采用初始化复位法使系统清零复位（一般要用特殊组合健或密码）以消除该故障。

3. 自诊断法

数控系统已具备了较强的自诊断功能，并能随时监视数控系统的硬件和软件的工作状态。利用自诊断功能，能显示出系统与主机之间的接口信息的状态，从而判断出故障发生在机械部分还是数控部分，并显示出故障的大体部位（故障代码）。

（1）硬件报警指示。指包括数控系统、伺服系统在内的各电气装置上的各种状态和故障指示灯，结合指示灯状态和相应的功能说明便可获知指示内容及故障原因与排除方法；

（2）软件报警指示。系统软件、PLC程序与加工程序中的故障通常都设有报警显示，依据显示的报警号对照相应的诊断说明手册便可获知可能的故障原因及排除方法。

功能程序测试法是将数控系统的G、M、S、T、F功能用编程法编成一个功能试验程序，并存储在相应的介质上，如纸带和磁带等。在故障诊断时运行这个程序，可快速判定故障发生的可能原因。

4. 功能程序测试法

该方法常用于以下场合：

（1）机床加工造成废品而一时无法确定是由编程操作不当、还是由数控系统故障引起的；

（2）数控系统出现随机性故障，一时难以区分是外来干扰，还是系统稳定性不好；

（3）闲置时间较长的数控铣床在投入使用前或对数控铣床进行定期检修时；

5. 备件替换法

在分析出故障大致起因的情况下，维修人员可以利用备用的印制电路板、集成电路芯片或元器件替换有疑点的部分，从而把故障范围缩小到印制线路板或芯片一级。并做相应的初始化启动，使机床迅速投入正常运转。

对于现代数控的维修，越来越多的情况采用这种方法进行诊断，使用备件替换损坏的模块，使系统正常工作。尽最大可能缩短故障停机时间，使用这种方法在操作时注意一定要在停电状态下进行，需要仔细检查线路板的版本、型号、各种标记、跨接是否相同，若不一致则不能更换。拆线时应做好标记和记录。

更换元件时的注意事项：

（1）取板注意。从系统上取下印制电路板时，应立即记录下对应的位置和连接的电缆号。对于固定安装的印制电路板，取下压接部件和螺钉后要放入专用盒内。

（2）测试时的注意点。印制电路板上大多刷有"阻焊膜"。测试焊点时，刮去焊点的绝缘层，但不能伤及他处。测量电路阻值时应先切断电源，每测一次均应以红、黑笔对调再测一次，以阻值大者为参考值。

（3）一般不要轻易更换CPU板、存储器板及电地，否则有可能造成程序和机床参数的丢失，使故障扩大。

例如，一台采用西门子SINUMERIK SYSTEM 3系统的数控铣床，其PLC采用S5—130W/B，一次发生故障时，通过NC系统PC功能输入的R参数，在加工中不起作用，不能更改加工程序中R参数的数值。通过对NC系统工作原理及故障现象的分析，认为PLC的主板有问题，与另一台机床的主板对换后，进一步确定为PLC主板的问题。经专业厂家维修，故障被排除。

6. 交叉换位法

当发现故障板或者不能确定是否是故障板而又没有备件的情况下，可以将系统中相同或相兼容的两个板互换检查，例如，两个坐标的指令板或伺服板的交换，从中判断故障板或故障部位。这种交叉换位法应特别注意，不仅要硬件接线的正确交换，还要将一系列相应的参数交换，否则不仅达不到目的，反而会产生新的故障造成混乱，一定要事先考虑周全，设计好软、硬件交换方案，准确无误再行交换检查。

例如：一台数控车床出现X向进给正常，Z向进给出现振动、噪音大、精度差，采用手动和手摇脉冲进给时也如此。观察各驱动板指示灯亮度及其变化基本正常，怀疑是Z轴步进电动机及其引线开路或Z轴机械故障。遂将Z轴电动机引线换到X轴电动机上，X轴电动机运行正常，说明Z轴电动机引线正常；又将X轴电动机引线换到Z轴电动机上，故障依旧，可以断定是Z轴电动机故障或Z轴机械故障。测量电动机引线时，发现一相开路，修复步进电动机，故障排除。

7. 参数恢复法

系统参数是确定系统功能的依据，参数设定错误就可能造成系统的故障或某功能无效。发生故障时应及时核对系统参数，参数一般存放在磁泡存储器或存放在需由电池保持的CMOS RAM中，一旦电池电量不足或由于外界的干扰等因素，使个别参数丢失或变化，发生混乱，则机床无法正常工作。此时，可通过核对、修正参数，将故障排除。

通过恢复参数或改正程序来排除故障，主要针对数控铣床的软件故障。软件故障主要有程序编制错误和参数设置不正确两种。参数的修改一定要慎重，一定要搞清楚参数的含义方可改动，否则会带来很大的麻烦。数控铣床在出厂前，已对所采用的数控系统设置了许多初始参数来配合，适应相配套的每台数控铣床，部分参数还要通过调试来确定，在机床交付时，具体的参数应由机床生产厂家交给用户。在数控铣床维修时，有时要利用某些参数来调整机床，有些参数要根据机床的运行状态进行必要的修正，故维修人员一定要熟悉机床参数。数控铣床中最常用的FANUC系统设定的参数包括：定时器参数、与控制器有关的参数、坐标系参数、进给速度参数、加（减）速参数、控制参数、伺服参数、数据输入/输出参数、CRR/MDJ参数、逻辑参数、程序参数、I/O接口参数、行程极限参数、螺距误差补偿参数、倾斜角补偿参数、平直度补偿参数、主轴控制参数、刀具偏移参数、固定循环参数、缩放及旋转参数、自动拐角倍率参数、单方向定位参数、用户宏程序参数、跳步信号输入参数、刀偏（补）参数以及维修参数等。用户应将此参数复制两份，一份维修时用，一份存档。根据参数的表示形式，可以将数控铣床的参数分为如下三类：

（1）状态型参数，每项参数的八位二进制数中，每一位数都表示了一种独立的状态或者某种功能的有无；

（2）比率型参数，该类参数设置的某几位所表示的都是某种参量的比例关系；

（3）真实值型参数，这类参数直接表示系统某个参数的真实性。

根据参数本身的重要性，可以把参数分为普通级和秘密级两大类。普通级参数在数控系统制造厂家提供的资料上有详细的介绍，用户按资料上的说明弄清含义，能够正确、灵活地运用即可；秘密级参数在数控系统的制造厂家提供的资料上没有说明，只是给设置好了而已。一旦这类参数出了问题，机床并不报警，但机床的功能会产生很大的变化，甚至不能正常工作。这部分参数在机床开箱时要想办法核查并记录下来妥善保管。

例如，一台数控铣床上采用了测量循环系统，这一功能要求有一个背景存储器，调试时发现这一功能无法实现。检查发现确定背景存储器存在的数据位没有设定，经设定后该功能正常。

8. 测量比较法

CNC系统生产厂在设计印制电路板时，为了调整和维修方便，在印制电路板上设计了一些检测端子。维修人员通过测量这些检测端子的电压或波形，可检查有关电路的工作状态是否正常。但利用检测端子进行测量之前，应先熟悉这些检测端子的作用及有关部分的电路或逻辑关系。

9. 敲击法

当系统故障表现为有时正常有时不正常时，基本可以断定为元器件接触不良或焊点开焊，利用敲击法检查时，当敲击到虚焊或接触不良的故障部位时，故障就会出现。

10. 局部升温法

数控系统经过长期运行后元件均会老化，性能变坏。当它们尚未完全损坏时，出现的故障就会时有时无。这时用电烙铁或电吹风对被怀疑的元件进行局部加温，会使故障快速出现。操作时，要注意元器件的温度参数等，注意不要损坏元器件。

11. 原理分析法

根据数控系统的组成原理，可从逻辑上分析各点的逻辑电平和特性参数，如电压值和波形，使用仪器仪表进行测量、分析、比较，从而确定故障部位。

除以上常用的故障检测方法之外，还可以采用拔插板法、电压拉偏法、开环检测法等。总之，根据不同的故障现象，可以同时选用几个方法灵活应用、综合分析，才能逐步缩小故障范围，较快地排除故障。

三、维修后的开机调试

机床的故障排除后，要对机床进行试车，已确认机床故障是否已经完全解决。通常分两步进行通电试车：

1. 自动状态试验

将机床锁住，用编制的程序进行空运转试验，验证程序的正确性，无误后，解除机床锁住状态，分别对进给倍率开关、快速进给倍率开关、主轴转速倍率调整开关进行调试，使机床在上述各开关的多种变化的情况下充分地运行，然后将各倍率开关置于100%处，使机床充分运行，观察整机的工作情况是否正常。多用于电气部位发生故障的检测。

2.正常加工试验

装夹好工件按正常程序进行加工，加工后检查工件的加工精度是否符合图纸要求。多用于机械部分发生故障的检测。

四、数控铣床故障实例

【例1】换刀过程的故障

故障现象： 换刀机构卡滞使刀具无法从主轴中卸下。

故障检查与分析： 蜗杆蜗轮机构和扇形齿轮齿条机构存在较大的齿形误差或齿侧间隙，常产生机构卡滞故障，在齿条下压拉刀杆时，使拉刀杆下移不到位或欠到位，刀具无法卸下；松刀位置磁性传感器定位可靠性差，传感器定位板螺钉压紧刚性不够，在机床加工振动或受热条件下，轻易产生定位误差，使步进电动机松刀控制指令信号执行欠足，拉刀杆下移欠到位，刀具无法卸下。

故障处理： 修配齿形误差和调整齿侧间隙，使蜗杆蜗轮机构和扇形齿轮齿条机构运动灵活，更换传感器定位板，增大其刚度和改善定位方式，使其定位可靠。

【例2】装刀故障

故障现象： 主轴未装刀具，夹紧时能运转；而装上刀具，夹紧后不运转。

故障检查与分析： 拉刀机构回位弹簧力偏弱，使蜗轮／扇形齿循环位转角存在误差，紧刀位置磁性传感器感应信号未达到接通主轴电动机控制继电器信号的要求，主轴电动机无法接通而不能工作；未装刀具夹紧时主轴能运转是由于拉刀机构回位弹簧无拉刀作用反力，回位弹簧有足够的回位力推动扇形齿轮轴转动使铁心处于正常位置，锁紧磁性传感器感应信号正常可接通主轴电动机。

故障处理： 增加回位弹簧预紧力，足以推动扇形齿轮轴转动到可靠位置；调整紧刀位置磁性传感器的安装位置，使其信号足以接通主轴电动机控制继电器，主轴电性能被通电运转。同时修改或增加控制系统步进电动机的控制脉冲量，即扇形齿轮轴转动位置。

【例3】主轴停止工作

故障现象： 正常加工过程中，主轴经常停止工作，加工过程自动结束。

故障检查与分析： 位置磁性传感器定位板刚度不够和定位不可靠，机床加工振动使位置磁性传感器安装位置发生变化，特别是磁性传感器与铁心间隙增大，磁性传感器的位置感应信号不足以驱动主轴电动机的控制继电器接通或在加工过程中忽然断开，从而终止加工过程。另外，机床长期连续运转后，主轴系统发热，磁性传感器定位板存在热变形，磁性传感器与铁心间隙增大（0.1～0.3mm），改变了磁性传感器位置感应信号，使主轴电动机的控制继电器在加工过程中忽然断开而终止，加工过程自动结束。

故障处理： 更换传感器定位板，增大刚度和改善定位方式；调整磁性传感器与铁心间隙，使感应信号足以驱动主轴电动机的控制继电器。

【例4】轴窜动故障

故障现象： 某厂生产的立式数控铣床，X 轴在运动到某一固定位置时出现窜动，机床不报警。

故障检查与分析： 轴窜动可能是由速度环或者位置环异常引起的。首先检查速度环路、测速机、电动机、驱动器及连接电缆正常。该机床X轴采用感应同步器作为测量尺，检查励磁正弦和余弦信号、放大器、定尺和滑尺也都正常，但见随工作台移动的信号电缆有明显磨损痕迹，测量该电缆线有时断时续现象，导致机床X轴出现窜动。

故障处理： 更换电缆故障排除。

【例5】进给轴机械爬行故障

故障现象： 某数控铣床运行时，工作台Y轴方向位移过程中产生明显的机械爬行故障，故障发生时系统不报警。

故障检查与分析： 因故障发生时系统不报警，同时观察CRT显示出来的Y轴位移脉冲数字量的速率均匀（通过观察X轴与Y轴位移脉冲数字量的变化速率比较后得出），故可排除系统软件参数与硬件控制电路的故障影响。由于故障发生在Y轴方向，故可以采用交换法判断故障部位。通过交换伺服控制单元，故障没有转移，故故障部位应在Y轴伺服电动机与丝杠传动链一侧。为区别电动机故障，可拆卸电动机与滚珠丝杠之间的弹性联轴器，单独通电检查电动机。检查结果表明，电动机运转时无振动现象，显然故障部位在机械传动部分。脱开弹性联轴器，用扳手转动滚珠丝杠进行手感检查。通过手感检查，感觉到这种抖动故障的存在，且丝杠的全行程范围均有这种异常现象。拆下滚珠丝杠检查，发现滚珠丝杠轴承损坏。

故障处理： 换上新的同型号规格的轴承后，故障排除。

【例6】机床过载报警的故障

故障现象： 某FANUC-0M系统的数控立式铣床，在加工中经常出现过载报警，报警号为434，表现形式为Z轴电动机电流过大，电动机发热，停机40min左右报警消失，接着再工作一阵，又出现同类报警。

故障检查与分析： 经检查电气伺服系统无故障，估计是负载过重造成。为了区分是电气故障还是机械故障，将Z轴电动机拆下与机械脱开，再运行时该故障不再出现，由此确认为机械丝杠或运动部位过紧造成。

故障处理： 调整Z轴丝杠防松螺母后，效果不明显，然后调整Z轴导轨镶条，机床负载明显减轻，该故障消除。

【例7】振动的故障

故障现象： 某采用FANUC 0T数控系统的数控车床，开机后，只要Z轴一移动，就出现剧烈振荡，CNC无报警，机床无法正常工作。

故障检查与分析： 经仔细观察、检查，发现该机床的Z轴在小范围（约2.5mm以内）移动时，工作正常，运动平稳无振动，但一旦超过以上范围，机床即发生激烈振动。根据这一现象分析，系统的位置控制部分以及伺服驱动器本身应无故障，初步判定故障在位置检测器件，即脉冲编码器上。考虑到机床为半闭环结构，维修时通过更换电动机进行了确认，判定故障原因是由于脉冲编码器的不良引起的。

为了深入了解引起故障的根本原因，维修时作了以下分析与试验：

（1）在伺服驱动器主回路断电的情况下，手动转动电动机轴，检查系统显示，发现无论电动机正转、反转，系统显示器上都能够正确显示实际位置值，表明位置编码器的A、B、*A、*B信号输出正确。

（2）由于本机床Z轴丝杠螺距为5mm，只要Z轴移动2mm左右即发生振动，因此，故障原因可能与电动机转子的实际位置有关，即脉冲编码器的转子位置检测信号C_1、C_2、C_4、C_8信号存在不良。

根据以上分析，考虑到Z轴可以正常移动2.5mm左右，相当于电动机实际转动180°，因此，进一步判定故障的部位是转子位置检测信号中的C_8存在不良。按照上例同样的方法，取下脉冲编码器后，根据编码器的连接要求，在引脚N/T、J/K上加入DC5V后，旋转编码器轴，利用万用表测量C_1、C_2、C_4、C_8，发现C_8的状态无变化，确认了编码器的转子位置检测信号C_8存在故障。进一步检查发现，编码器内部的C_8输出驱动集成电路已经损坏。

故障处理： 更换集成电路后，重新安装编码器，并按上例同样的方法调整转子角度后，机床恢复正常。

【例8】驱动器故障

故障现象： 一台配套FANUC 0M系统的数控铣床，机床启动后，在自动方式运行下，CRT显示401号报警。

故障检查与分析： FANUC 0M出现401号报警的含义是"轴伺服驱动器的VRDY信号断开，驱动器未准备好"。根据故障的含义以及机床上伺服进给系统的实际配置情况，维修时按下列顺序进行了检查与确认。

（1）检查L/M/N轴的伺服驱动器，发现驱动器的状态指示灯PRDY、VRDY均不亮。

（2）测量驱动器控制板上的辅助控制电压，发现±24V、±15V异常。

根据以上检查，可以初步确定故障与驱动器的控制电源有关。仔细检查输入电源，发现X轴伺服驱动器上的输入电源熔断器电阻大于2MΩ，远远超出规定值。

故障处理： 经更换熔断器后，再次测量直流辅助电压，±24V、±15V恢复正常，状态指示灯PRDY、VRDY均恢复正常，重新运行机床，401号报警消失。

【例9】机床只能向坐标负方向运动

故障现象： 在进行回零操作(返回参考点)时，机床在正方向移动很小一段距离就产生正向超程报警。

故障分析与检查： 从现象上看好像是通电后机床所处的位置就是机床零点，再向正向移动就产生软件超程保护，所以只能向负方向运动。这样导致主轴越来越靠近工作台，最后机床将不能再使用。

故障处理： 机床通电后首先修改参数，对FANUC 0M系统而言，将参数LT1X1

LTIZI，也就是第143与第144号参数的设置量改为+99999999，然后进行正确的回零操作，回零完毕后，将上述参数改为原设定量即可。对于其他的数控系统，只要找到对应的参数，用上述方法修改即可。

【例10】带电磁耦合器的主轴故障

故障现象：带电磁耦合器的主轴不转。

故障分析与检查：检查电磁离合器线圈电压供给情况，如果没有供给电压会导致传动齿轮无法闭合，使主轴不能转动；线圈短路，短路同样可能导致主轴不能正常工作，检查离合器线圈供电是否正常；检查供给电源的保险管是否损坏；检查离合器线圈是否损坏，通过以上检查发现是离合器线圈损坏。

故障处理：更换符合规格的离合器线圈。

【例11】带抱闸线圈的主轴故障

故障现象：带抱闸线圈的主轴不转。

故障检查与分析：主轴的频繁启动与停止，使制动也频繁启停，导致控制制动的交流接触器损坏，使制动线圈一直通电抱死主轴电动机，使主轴无法转动。

故障处理：更换控制抱闸的交流接触器。

【例12】主轴定位出现超调的故障

故障现象：某加工中心，配套611A主轴驱动器，在执行主轴定位指令时，发现主轴存在明显的位置超调，定位位置正确，系统无故障。

故障检查与分析：由于系统无报警，主轴定位动作正确，可以确认故障是由于主轴驱动器或系统调整不良引起的。

故障处理：解决超调的方法有很多种，如减小加减速时间、提高速度环比例增益、降低速度环积分时间等。检查本机床主轴驱动器参数，发现驱动器的加减速时间设定为2s，此值明显过大；更改参数，设定加减速时间为0.5s后，位置超调消除。

【例13】变频器出现过压报警的故障

故障现象：配套某系统的数控车床，主轴电动机驱动采用三菱公司的E540变频器，在加工过程中，变频器出现过压报警。

故障检查与分析：仔细观察机床故障产生的过程，发现故障总是在主轴启动、制动时发生，因此，可以初步确定故障的产生与变频器的加/减速时间设定有关。当加/减速时间设定不当时，如主电动机起/制动频繁或时间设定太短，变频器的加/减速无法在规定的时间内完成，则通常容易产生过电压报警。

故障处理：修改变频器参数，适当增加加/减速时间后，故障消除。

【例14】24伏电源故障

故障现象：24伏电压输出异常。

故障检查与分析：由于机床使用时间过长，或者不经常保养清理电控箱，使电源尘土过多，24伏电源损坏，造成电源有输入无输出现象；信号线端子或者接头松动，掉落。电源末端接地，使得电流流失，造成电压输出不稳定。

故障处理：更换24伏电源；排查24伏电路输出，接好掉落的信号线。

【例15】固态继电器故障

故障现象：继电器经常跳闸。

故障检查与分析：由于固态继电器输出端短路，会使固态继电器经常性跳闸，严重时会烧坏继电器。而继电器输出端如果接地则会使电流瞬间放大引起继电器爆炸。

故障处理：排查线路更换固态继电器。

【例16】移动过程中产生机械干涉的故障

故障现象：某加工中心采用直线滚动导轨，安装后用扳手转动滚珠丝杠进行手感检查，发现工作台X轴方向移动过程中产生明显的机械干涉故障，运动阻力很大。

故障检查与分析：故障明显在机械结构部分。拆下工作台，首先检查滚珠丝杠与导轨的平行度，检查合格。再检查两条直线导轨的平行度，发现导轨平行度严重超差。拆下两条直线导轨，检查中滑板上直线导轨的安装基面平行度，检查合格。再检查直线导轨，发现一条直线导轨的安装基面与其滚道的平行度严重超差0.5mm。

故障处理：更换合格的直线导轨，重新装好后，故障排除。

【例17】电动机过热报警故障

故障现象：X轴电动机过热报警。

故障检查与分析：电动机过热报警，产生的原因有多种，除伺服单元本身的问题外，可能是切削参数不合理，亦可能是传动链上的问题。经检查该机床的故障原因是由于导轨镶条与导轨间隙太小，调得太紧。

故障处理：松开镶条放松螺钉，调整镶条螺栓，使运动部件运动灵活，保证0.03mm的塞尺不得塞入，然后锁紧防松螺钉，故障排除。

【例18】Y轴运行异常故障

故障现象：工作台Y向回参考点无快速或无减速过程；有时Y轴运动到行程范围中心部位却发出超程报警。

故障检查与分析：查限位参数及外围电路部分，Y轴限位组合开关有问题，连线及触点等腐蚀生锈、断线。

故障处理：清理限位开关。

任务二
数控铣床返回参考点故障分析

一、返回参考点的必要性

数控铣床位置检测装置的伺服电动机使用的位置反馈编码器，有绝对位置编码器和相对位置编码器，因此数控铣床返回参考点时也有所不同，主要差别在于当伺服电动机使用绝对位置编码器时，只需回一次参考点，以后数控系统始终知道坐标轴在何处，只要不将轴拆下来，不发生如皮带打滑等机械传动上的问题，即使数控系统或机床断电，坐标轴的位置也不会丢失，下次通电时，数控系统的显示屏上会显示出坐标轴当前的位置；而当伺服电动机使用相对位置编码器时，每次开机都要先返回参考点，当找到参考点（即原点）后，只要数控系统不断电，不发生如皮带打滑等机械传动上的问题，原点就不会丢失，但一旦数控系统断电后，再次通电时，数控系统的显示屏上显示坐标轴当前的位置为0，数控系统必须重新返回参考点，否则每次开机的参考点位置都是不一样的。因此，对于使用相对位置编码器的数控铣床，当机床上电，接通数控系统的电源后，首先要执行返回参考点操作，返回参考点的作用如下：

（1）系统通过参考点来确定机床的原点位置，以正确建立机床坐标系。

（2）可以消除丝杠间隙的累积误差及丝杠螺距误差补偿对加工的影响。

（3）返回参考点是自动加工的前提条件。

由于所使用的数控系统不同，数控铣床返回参考点的过程也有差别。

二、返回参考点的操作

返回参考点前，在手动方式下，将X轴、Y轴和Z轴的位置移动到负限位和参考点开关之间，按操作面板上的"参考点"键或"回零"键，启动回参考点运行方式。可以将X轴、Y轴、Z轴同时回零，操作方法相同。但根据数控系统不同，有些系统要求回零前，距离零点必须在100mm以上才可以。所以在回零前，三轴距离零点必须要有一定的距离。

按下"X轴正方向"键，"X轴正方向"按键指示灯闪烁，同时，X轴向正方向运行寻找参考点，当到达参考点开关时，X轴减速回零，"X轴正方向"按键指示灯停止闪烁，同时在CRT上显示机床坐标系的坐标为零。

Y轴、Z轴回参考点的操作方法和X轴回参考点过程一样。

三、回参考点原理

目前数控铣床回参考点的方式有使用脉冲编码器或光栅尺的栅格法和使用磁感应开关的磁开关法两种。磁开关法由于存在定位漂移现象，因此较少使用，大多数数控铣床均采用栅格法回参考点。

根据检测元件计量方法的不同栅格法又可分为绝对栅格法和增量栅格法。采用绝对栅格法回参考点的数控铣床在后备存储器电池支持下，只需在机床第一次开机调试时进行回参考点操作调整，此后每次开机均记录有参考点位置信息，因而不必再进行回参考点操作。采用增量式编码器做位置环反馈的机床应用增量栅格法来确定参考点，其反馈元件为脉冲编码器，在每次开机时都需要回参考点。

不同数控系统返回参考点的动作、细节有所不同，下面以FUNUC 0i系统为例简要叙述增量栅格法返回参考点的原理和过程如图9-1所示。

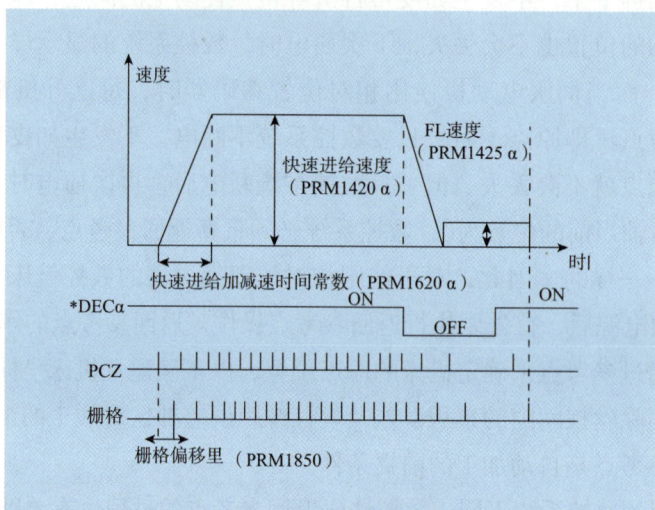

图9-1 返回参考点控制原理图

快速进给速度参数、慢速进给速度参数、加减速时间常数、栅格偏移量等参数分别由数控系统的相应参数设定。机床返回参考点的操作步骤如下：

（1）将旋转开关拨到"回参考点"挡，并选择返回参考点的轴，按下该轴点动按钮，该轴以快速移动速度移向参考点。

（2）当随工作台一起运动的轴减速撞块压下参考点开关触头时，使减速信号（*DECX、*DECY、*DECZ、*DEC4之一）由通（ON）转为断（OFF）状态，机床工作台会减速并按参数设定的速度继续移动。减速可削弱运动部件的移动惯量，使参考点停留位置准确。

（3）因栅格法是采用脉冲编码器上每转出现一次的栅格信号（又称一转信号）来确定参考点，所以当减速撞块释放参考点开关触头使其触点状态由断再转为通后，NC

系统将等待编码器上的第一个栅格信号的出现。该信号一出现，工作台运动就立即停止，同时数控系统发出参考点返回完成信号ZPX、ZPY、ZPZ或ZP4，参考点灯亮，表明机床回该轴参考点成功。当所有的轴都找到参考点后，回参考点的过程结束。

　　机床使用中，只要不改变脉冲编码器与丝杠间的相对位置或不移动参考点撞块调定的位置，栅格信号就会以很高的重复精度出现。

四、数控铣床回参考点故障诊断与分析

1. 数控铣床返回参考点故障诊断过程

　　根据数控铣床回参考点常见故障及一线工作人员的工作经验总结，系统性地编制了数控铣床回参考点的故障分析与诊断流程图，如图9-2所示。

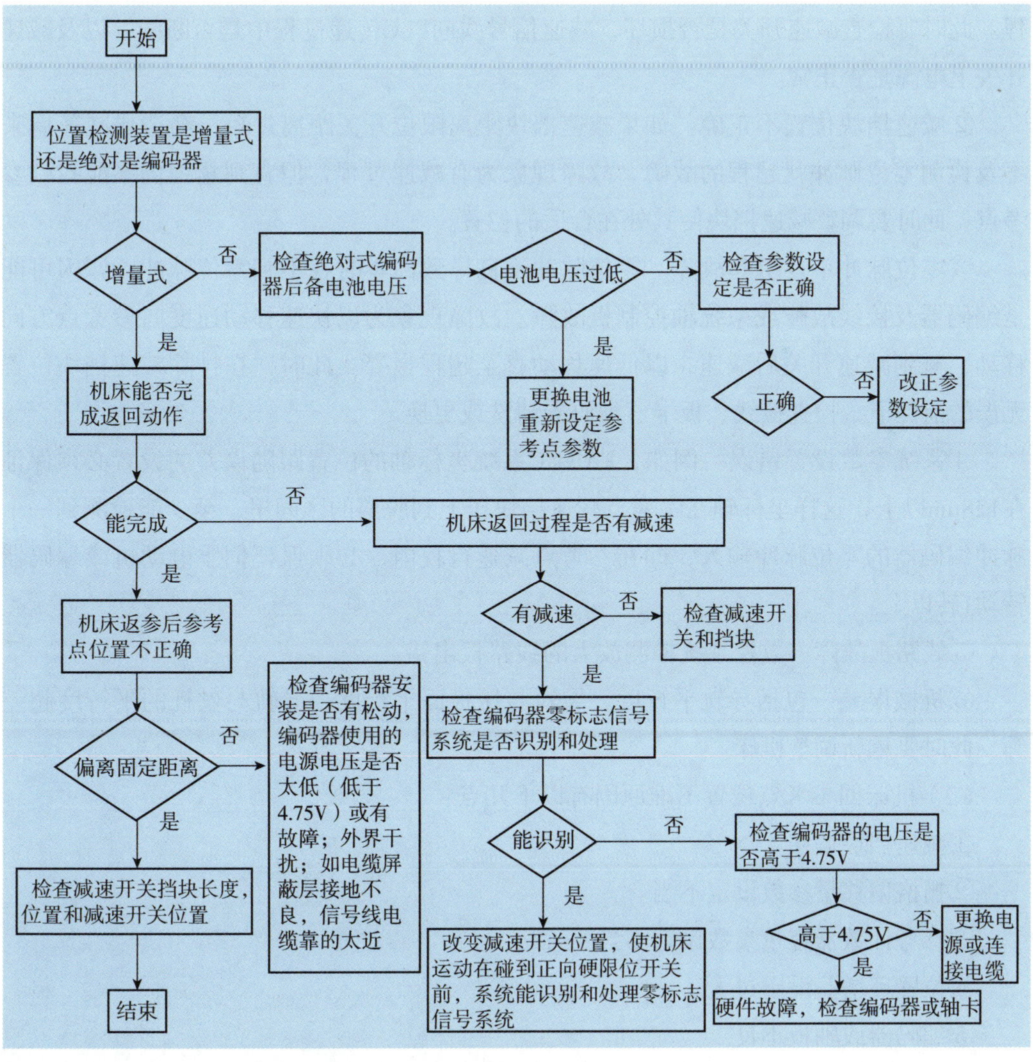

图9-2　回参考点的故障分析与诊断流程图

数控铣床发生回参考点故障时应重点检查如下项目：

（1）检查回参考点的模式是否是开机的第一次回参考点，是否采用绝对式的位置检测装置；

（2）检查减速挡块和减速开关的状态；

（3）检查参数设置是否合适，如检查回参考点快速进给速度、接近参考点速度等参数的设置。

2. 数控铣床返回参考点常见现象及可能的原因

（1）机床回不到参考点原因有以下几点：

①减速信号故障。减速开关损坏、短路、减速开关电源断线等都会造成不能产生减速信号的故障，故障现象为返回参考点时以快速移动速度向参考点方向移动直至超程。此时要检查减速开关是否损坏，减速信号线向PLC传递过程中是否断线，以及减速开关上电源是否正常。

②减速挡块位置不正确。如果减速挡块距离限位开关距离过短，会造成减速后来不及检测零位脉冲就超程的故障，故障现象为有减速过程，但直到超程仍不能找到参考点。此时要调整减速挡块使其处在合适的位置。

③零位脉冲不良引起故障。零位脉冲不良导致回零时找不到零位脉冲，原因可能是编码器及接线故障或系统轴控制板故障。故障现象为以快速移动速度向参考点方向移动，碰到减速开关后减速，以低速移动直至超程报警。此时，在排除减速挡块位置无误的前提下，检查接线、板卡、编码器清洗或更换。

④系统参数设置错误。例如，FANUC系统坐标轴的位置跟随误差的设置必须保证在128μm以上，这样坐标轴在参考点减速挡块压上到脱离的区间里，至少能检测到一个脉冲编码器的零位脉冲输入，即在参考点减速行程内，必须保证伺服电动机或编码器转动1转以上。

⑤线路板故障。数控系统检测放大的线路板出错。

⑥机械误差。包括导轨平行度、导轨与压板面平行度、导轨与丝杠的平行度超差等，此时要重新调整机床。

（2）机床回参考点位置不准原因有以下几点：

①减速挡块偏移。

②栅格偏移量参数设定不当。

③参考计数器容量参数设定不当。

④位置环增益设定过大。

⑤编码器或轴板不良。

经归纳总结，得出回参考点常见故障及如何排除的一些方法，详见表9-1。

表9-1　回参考点常见故障

故障现象	故障原因		排除方法
回参考点后原点或参考点发生螺距偏移	参考点发生单个螺距偏移	减速开关与减速挡块安装不合理，使减速信号与零脉冲信号相隔距离过近	调整减速开关或者挡块的位置，使机床轴开始减速的位置大概处在一个栅距或者一个螺距的位置
		机械安装不到位	调整机械部分
	参考点发生多个螺距偏移	参考点减速信号不良	检查减速信号，接触是否良好
		减速挡块固定不良引起寻找零脉冲的初始点发生了漂移	重新固定减速挡块
		零脉冲不良引起	对码盘进行清洗
系统开机回不了参考点，回参考点不到位	系统参数设置错误		重新设置系统参数
	零位脉冲不良，回零时找不到零脉冲		清洗或更换编码器
	减速开关损坏或短路		维修或者更换减速开关
	数控系统控制检测放大的线路板出错		更换线路板
	导轨平等度、导轨与压板面平行度、导轨与丝杠的平等度超差		重新调整平等度
	当采用全闭环控制时光栅尺沾了油污		清洗光栅尺
回参考点位置随机性变化	干扰		清除干扰
	编码器的供电电压过低		改善供电电压
	电动机与丝杆的联轴节松动		坚固联轴节
	扭矩过低或伺服调节不良，跟踪误差过大		调节伺服参数，改变其运动特性
	零脉冲不良		对编码器进行清洗或更换
	滚珠丝杆间隙增大		修滚珠丝杆螺母调整垫片

3. 回参考点实例

【例1】回参考点导致零件报废

故障现象：VMC650数控铣床在加工零件过程中，X轴回参考点时常漂移，距离不等，且没有被及时发现，最后导致批量零件报废事件。

故障分析：经反复查找，故障原因在于X轴编码器信号电缆因长期磨损、失去屏蔽作用而导致X轴回参考点不稳定。

故障处理：更换编码器信号电缆。

【例2】机床报警

故障现象：VMC650数控铣床，Z轴找不到参考点。观察寻找参考点过程，Z轴首先快速运动，然后减速运动，一直压到极限开关，产生报警。

故障分析： Z轴能减速运动，说明零点开关没有问题，可能是数控系统接收不到零标志位信号。经检查，编码器内有油污，使零标志信号不能输出。

故障处理： 将编码器取下清洗，重新安装，故障消除。

【例3】参考点漂移

故障现象： VMC650数控铣床，X轴经常出现原点漂移，且每次漂移量为10mm左右。

故障分析： 由于每次漂移量基本固定，怀疑与X轴回参考点有关。经检查，相关的参数没有发现问题。检查安装在机床上的减速挡块及接近开关，发现挡块与接近开关的距离太近。

故障处理： 重新调整减速挡块位置，将其控制在该轴丝杠螺距（该轴的螺距为10mm）的一半，约为5±1 mm左右，则故障排除。

项目小结

本项目通过对数控铣床常见故障实例的分析讲解，且重点讲解了回参考点故障，介绍了应对常见简单故障现象的分析方法及处理措施，达到顺利排除故障的目的。

思考训练

1. 数控铣床首次开机为什么要进行返回机床参考点操作？

2. 配置FANUC 0i系统的VMC650数控铣床，如何实现自动返回参考点？

3. 在FANUC 0i mate MC系统中，与返回参考点的有关参数是哪些？

4. 列举返回参考点故障并确定维修诊断方案。

5. 如果丝杆反向间隙过大，对机床返回参考点有何影响，又如何消除？

6. 伺服电动机常见故障有哪些？该如何解决？

参考文献

［1］廖兆荣.数控机床电气控制［M］.北京：高等教育出版社，2005.

［2］邓三鹏.数控机床故障诊断与维修［M］.北京：机械工业出版社，2009.

［3］王志平.数控铣床华中系统编程与操作实训［M］.北京：中国劳动社会保障出版社，2007.

［4］徐衡编.FANUC系统数控铣床加工中心编程与维护［M］.电子工业出版社，2008.

［5］吴国经.数控机床故障诊断与维修［M］.北京：电子工业出版社，2004.

［6］文怀兴.数控铣床设计［M］.北京：化学工业出版社，2006.

［7］秦晓阳，周钦河.数控铣床、加工中心维修［M］.北京：中国水利水电出版社，2011.

［8］武友德.数控设备故障诊断与维修技术［M］.北京：化学工业出版社，2003.

［9］叶伯生.数控原理及系统［M］.北京：中国劳动社会保障出版社，2003.

［10］永久.数控机床故障诊断与维修技术［M］.北京：机械工业出版社，2006.